臭氧混凝互促增效机制及其应用

金鹏康　王晓昌　金　鑫　著

科学出版社

北京

内 容 简 介

　　本书系统论述了臭氧氧化与混凝工艺互促增效的基本原理、工艺方法、处理效率及在水和废水处理中的应用。本书的撰写主要基于作者 20 多年来在相关领域的理论和技术研究成果，详细介绍了水中溶解性有机物的种类、性质及臭氧氧化对溶解性有机物的作用机制，深入阐述了臭氧氧化与混凝之间的互促增效原理，最后列举了相关工程应用案例。

　　本书可为环境科学与工程领域的研究生、教师和相关科研人员提供参考，也可供环境领域从事生产和研发的广大读者阅读参考。

图书在版编目 (CIP) 数据

臭氧混凝互促增效机制及其应用 / 金鹏康，王晓昌，金鑫著 . —北京：科学出版社，2018.4

　ISBN 978-7-03-056779-6

　Ⅰ . ①臭…　Ⅱ . ①金…②王…③金…　Ⅲ . ①臭氧–应用–复合混凝剂
Ⅳ . ①X703.5

　中国版本图书馆 CIP 数据核字（2018）第 045699 号

责任编辑：王　倩 / 责任校对：王　瑞
责任印制：张　伟 / 封面设计：无极书装

科 学 出 版 社　出版
北京东黄城根北街 16 号
邮政编码：100717
http://www.sciencep.com

北京虎彩文化传播有限公司印刷
科学出版社发行　各地新华书店经销

*

2018 年 4 月第 一 版　开本：B5（720×1000）
2018 年 4 月第一次印刷　印张：13 1/4
字数：300 000

定价：148.00 元
（如有印装质量问题，我社负责调换）

前　言

　　本书是在作者近 20 年来从事臭氧与混凝处理相关的理论和技术研究工作的基础上撰写而成。众所周知，目前一些以内分泌干扰物、药物及个人护理用品为代表的溶解性有机物向水中过多地排放，使饮用水及再生水的安全受到了严重的威胁，然而传统饮用水及再生水以混凝、沉淀、过滤为主体的常规处理工艺，对溶解性有机物的去除效果十分有限。因此，臭氧氧化这种化学氧化方法得到了较为广泛的应用。长期以来，臭氧氧化作为混凝的预处理工艺在水和废水的深度处理中得到广泛应用，但如何将臭氧氧化更好地和传统处理工艺进行衔接，使两种工艺能互相促进，从而达到更高的污染物去除效果，是目前在饮用水、再生水深度处理及工业废水处理中所面临的突出问题。

　　为此，在本书的撰写过程中，首先，从我国目前污水深度处理的整体情况入手，明确存在的问题，深入阐述了水中溶解性有机物的种类、性质及臭氧氧化对溶解性有机物的作用。其次，在此基础上，针对性地讨论了臭氧氧化与混凝工艺的处理效果、作用机制及金属盐混凝剂在臭氧氧化过程中的作用，使读者能够更加深入甚至重新认识臭氧氧化与混凝之间的相互关系及作用机制。最后，作者根据近年来在城市污水和工业废水深度处理方面的研究工作，提出了臭氧混凝互促增效机制及其一体化工艺的专利工艺与技术设备，列举了臭氧氧化混凝工艺的实际工程应用，阐述了臭氧混凝互促增效机制的实际应用效果。

　　基于上述思路，本书由 7 章构成。

　　第 1 章作为全书的绪论，论述了国内外水质指标的发展，引出了臭氧氧化工艺在水处理中的重要性。

　　第 2 章论述城市污水及工业废水深度处理的相关问题，包括深度处理的必要性、传统深度处理工艺的局限性、深度处理的强化手段等。

　　第 3 章集中论述了水中有机物的种类及性质，分别论述了溶解性有机物的分级和分析方法，天然有机物、污水处理厂二级出水、典型工业废水（印染废水、油气田工业废水）的特性，为后续章节奠定基础。

　　第 4 章对臭氧在水处理中的作用进行了论述，从臭氧的基本性质着手，说明了臭氧氧化在去除嗅味、去除有机物、消毒、改善生化性、改善混凝特性 5 方面的效果，最后阐述了常规情况下臭氧在水处理工艺中的投加位置。

第 5 章着重论述了分级表征前后污水处理厂二级出水溶解性有机物的臭氧氧化特性，从理化指标、荧光特性、分子量分布特性及官能团转变方面阐述了臭氧氧化对有机物特性的改变。

第 6 章就臭氧氧化和混凝工艺之间的互促增效机制进行论述，这是本书的核心内容，对臭氧氧化混凝反应体系的建立及其处理效果进行了说明，阐明了该体系中臭氧和混凝剂的相互作用机理，具体论述了混凝剂在臭氧氧化过程中的行为机理。

第 7 章主要列举了臭氧混凝互促增效机制在污水及废水深度处理中的实际工程应用情况，论述了该体系在实际应用中的效果。

本书由西安建筑科技大学金鹏康、金鑫和王晓昌共著，第 1 章、第 2 章主要由王晓昌执笔，第 3 章、第 4 章、第 7 章主要由金鹏康执笔，第 5 章、第 6 章主要由金鑫执笔。西安建筑科技大学侯瑞、王锐分别参与了第 6 章、第 7 章部分内容的撰写。

本书的研究工作得到国家科技支撑计划课题"印染工业园区废水循环利用技术与示范"（2014BAC13B06）和国家自然科学基金项目"有机物去除的臭氧混凝互促增效机制及在再生水深度处理中的应用"（51378414）的支持，在此表示感谢。

由于作者水平有限，书中难免存在不妥之处，恳请读者不吝指正。

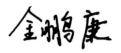

2017 年 12 月

目　　录

|第1章| 绪 论

现代水处理技术发展的历史，如果从 1804 年英国最早使用慢滤池进行集中式水处理算起，总共 200 余年。而水质指标的开始则在 50 年以后，1854 年，Dr. John Snow 研究发现水传染是引起霍乱爆发的原因，这一论断使人们开始研究慢滤池的机理，提出了微生物控制的水质指标。20 世纪初，混凝、沉淀、过滤、消毒在美国已成为定型的水处理技术，随后，开始了关于饮用水水质的立法工作。

世界上第一个正式的水质标准是 1914 年由美国卫生部制定的，主要规定了大肠菌的控制指标（2 个/100 mL），1925 年，该指标被修订为 1 个/100 mL，并补充了一些无机物。20 世纪 30 年代，由于成功地应用过滤和消毒技术，水媒性疾病在美国基本根除。1942 年，美国卫生部规定了管网内大肠菌指标，并增加了一些重金属指标。1962 年，氯仿（$CHCl_3$）被列入水质指标，与此同时列入的还有氟化物和放射性元素。1970 年，美国国家环境保护署（U. S. Environmental Protection Agency，USEPA）成立后，关于饮用水立法的步子进一步加快。1974 年美国制定了《安全饮水法》(*Safety Drinking Water Act*，SDWA)，并在 1986 年、1996 年对 SDWA 先后进行了两次修订。1979 年 USEPA 规定了总三卤甲烷（THM）的最大污染水平（maximum contamination level，MCL）为 100 μg/L。可以说，20 世纪 70 年代是饮用水水质标准开始走上现代化的年代。

我国的水质指标从 1956 年颁发《生活饮用水卫生标准（试行）》直到 2006 年《生活饮用水卫生标准》的 50 年间，共进行了 5 次修订。2006 年修订的《生活饮用水卫生标准》总项有 106 项，其中，感官性状和一般化学指标为 19 项，无机物指标为 18 项，农药指标为 19 项，有机物指标为 24 项，消毒剂及消毒副产物为 18 项，微生物指标为 6 项，放射性指标为 2 项。有害物质（包括农药、有机物和无机物、消毒副产物）项目总数显著增加。我国的饮用水水质指标已经与国际发达国家水质标准处于同一水平，个别指标还优于欧美发达国家水质标准。

在饮用水源污染日益严重的情况下，水质指标的发展动向为对合成有机化合物（synthetic organic compounds，SOCs）、挥发性有机化合物（volatile organic compounds，VOCs）、农药和微生物问题（如 1993 年在美国爆发的隐孢子虫传染病）等方面的控制。1984 年，世界卫生组织（World Health Organization，WHO）的水质指标只有 62 项，此时还没有农药和消毒副产物的指标，但 2011 年的水质指标已达 384 项，极大程度地增加了农药、消毒副产物和有机物等指标。

纵观近几年国内外水质标准的变化情况，可以看出水质标准的变化主要是增加了有机污染物和消毒副产物的指标。因此，水处理的任务除加强常规指标控制外，水中有机污染和消毒副产物的控制是饮用水水质安全保障的重要内容。

自 1983 年我国首次发布《地面水环境质量标准》（GB 3838—1983）以来，我国水环境质量标准已经进行了 3 次修订：1988 年进行了第 1 次修订（GB 3838—1988），1999 年进了第 2 次修订（GHZB 1—1999），2002 年进行了第 3 次修订，即现行的《地表水环境质量标准》（GB 3838—2002）。

GB 3838—1983 将地面水环境质量标准分成 3 级，标准项目共 20 项，基本为一些综合性指标。GB 3838—1988 将地面水环境质量标准分成 5 类，标准项目共 30 项，首次规定了相应的测试标准。GHZB 1—1999《地表水环境质量标准》的标准项目共 75 项。其中，基本项目 31 项，以控制湖泊水库富营养化为目的的特定项目 4 项，以控制地表水Ⅰ～Ⅲ类水域有机化学物质为目的的特定项目 40 项。

现行的《地表水环境质量标准》（GB 3838—2002）的标准项目共 109 项，其中基本项目 24 项，集中式生活饮用水地表水源地补充项目 5 项，集中式生活饮用水地表水源地特定项目增加至 80 项，比原标准（GHZB 1—1999）新增加了 42 项。其中，有机化学物质 30 项，无机物 12 项，虽然对一些指标的限值有所放宽，但是其项目数量有较大幅度的增加，说明除了对基本项目控制日益严苛外，我国对地表水中溶解性有机物、无机物的控制有所增强，因此，对水中有机污染物的去除成为城市污水、工业废水处理及再生水深度处理的重要环节。

我国是一个严重缺水的国家，人均水资源占有量为世界人均占有量的 1/4。改革开放以来，我国国民经济高速增长，城市化水平和工业化程度的不断提高，我国 65% 以上的城市存在水资源短缺的问题，其中严重缺水城市达到 110 个，水资源短缺已成为亟待解决的问题。污水再生利用已成为缓解城市缺水问题的主要措施，尤其对我国西部干旱缺水地区的水资源是一个重要的补充。通常来说，污水回用途径主要有农业用水、工业回用、城市杂用水、景观环境用水和补充水源等。我国目前城市污水大多回用于农田灌溉、冲洗道路、园林绿化及补充地下水。污水回用灌溉对农业和污水处理都有好处，可以有效利用污水中的有机肥料，减少化学肥料的用量，但是污水回用于农业要防止污水中化学物质和病原微生物对环境和人体健康的危害，防止灌溉后土壤板结，作物中毒素的积累等。污水回用于喷灌生食农作物、公园绿地、运动场及娱乐性景观用水（如游泳、冲浪）等人体暴露量大、与人体接触频繁的场所时，其中的细菌和病毒等病原微生物对人体健康会造成风险。城市污水回用于地下回灌时，要防止重金属、难降解有机物对地下水污染；污水回用于景观娱乐用水时，污水中氮磷含量太高会造成水环境的富营养化，有毒化学物质会破坏水环境的生态多样性。另外，再生水用于喷洒浇灌农作物、城市绿化带及其他人们可以自由出入的公共场所时，喷洒所形成的气雾剂对人体健康也会造成风险，它可通过呼吸而进入人体。许多研究证实雾滴中含有细菌和病毒，气雾剂附着在蔬菜、水果及衣服表面都会成为疾病传播的途径。

我国目前也制定了污水再生利用的系列标准来要求再生水的水质，包括《城市污水再生利用分类》（GB/T 18919—2002）、《城市污水再生利用 城市杂用水水质》（GB/T 18920—2002）、《城市污水再生利用 景观环境用水水质》（GB/T 18921—2002）、《城市污水再生利用 工业用水水质》（GB/T 19923—2005）、《城市污水再生利用 农田灌溉用水水质》（GB/T 20922—2007）、《城市污水再生利用 地下水回灌水质》（GB/T 19772—2005）和《城市污水再生利用 绿地灌溉水质》（GB/T 25499—2010）。与污水处理厂二级处理水相比，大部分指标都能够满足回用水质要求，尤其是对于有害金属离子、多环芳烃（polycyclic aromatic hydrocarbons，PAHs）、苯酚、二甲苯等微量有机污染物，以及8种代表性内分泌干扰物均有较高的化学安全保障性。二级生物处理对城市污水中的脂类、雌性激素类内分泌干扰物的去除率可达65%~95%。然而，污水处理厂二级处理水回用的主要问题是水的色度偏高，以化学需氧量（chemical oxygen demand，COD）、生化需氧量（biochemical oxygen demand，BOD_5）为代表的有机物指标不能满足娱乐性景观环境用水的要求，从回用水的安全角度讲，需对污水处理厂二级出水中的有机物进行进一步的去除，因此，污水的深度处理是十分必要的。

目前，我国通常采用的污水处理工艺是从饮用水处理工艺借鉴而来的，混凝—沉淀—过滤—消毒常规处理工艺，但是城市污水中有机物含量较高，相对于常规处理工艺开发之初面临的地表水中的有机成分而言更为复杂，因此就会造成该工艺对溶解性物质的去除率较低，而且人们在用水环节中过多地排放一些人工合成的有机物，如内分泌干扰物、药品等，这些有机物会吸附在胶体颗粒表面形成有机保护膜，进一步增加了胶体颗粒表面的电荷密度，从而增加常规处理工艺的处理难度，难以保障深度处理的效果。因此，通常采用臭氧氧化的方式来强化和保障深度处理的效果。

臭氧自1785年发现以来，到现在作为一种强氧化剂、消毒剂、精制剂、催化剂等已广泛应用于化工、石油、纺织、食品、制药等领域。臭氧技术在水处理中的研究是从1886年起在法国开始的。用于给水处理的第一例是1906年投入运转的法国Bon Voyage水厂的臭氧消毒设备。直到20世纪70年代，臭氧的应用仍主要在水的消毒方面，且主要是在法国和其他一些西欧国家。近年来，针对常规处理所不能奏效的微量有机污染问题，臭氧除了更加广泛地用于代替氯气作为水的消毒剂以外，还越来越多地被用于 THM 前驱物质去除、水的除臭，以及水的除色和病原性寄生虫（如贾第虫、隐孢子虫）的去除。从 60 年代末开始，我国开始了臭氧发生器的研制，70 年代以后，在北京、上海、鞍山等地也相继开展了臭氧氧化水处理方法的研究与应用，主要用于医院污水的消毒处理。

目前，在污水深度处理中，以投加低浓度臭氧为主，使水中含氧官能团（如羧基、羟基）的含量增多，使更多的铝、铁、镁及钙离子与之络合、沉淀，主要用于改善水的混凝性，提高污水深度处理的效果。对于工业废水处理而言，臭氧氧化主要用于改善其生化性，将大分子有机物转化为生物可以利用的小分子有机物，降低废水的黏度，提高化学药剂在废水中的传质系数，同时臭氧对于工业废水而言，可以很大程度上改善其感官指标，如色度、嗅味等，保证其排放或者回用的可靠性。

综上所述，随着国内外水质标准的不断严格，人们生活水平的提高，工业生产水平的不断进步，饮用水及再生水处理的效果及安全性进一步得到了重视，作为水处理中重要的一种强氧化剂，臭氧氧化工艺也越来越多地用于饮用水及污（废）水深度处理中，保障饮用水及再生水的水质安全。自 20 世经 60 年代末期，我国开始对臭氧氧化工艺进行研究和应用，时至今日，该工艺及其联用工艺仍需要不断地发展，以在水处理中发挥更重要的作用。

|第2章| 城市污水及工业废水深度处理

2.1 城市污水处理厂二级出水深度处理

2.1.1 我国水环境现状与污水深度处理的必要性

1. 我国水环境现状

我国淡水资源的总储量约为 2.8 万亿 m³ (肖锦, 2002), 占世界淡水资源的 6%, 排名世界第 6 位, 位于巴西、俄罗斯、美国、加拿大和印度尼西亚之后 (范文军等, 2011)。然而, 我国人均水资源占有量很少, 仅为 2220 m³, 该占有量仅为全世界人均占有量的 1/4, 在世界 156 个国家中排名第 121 位, 相当于日本的 1/2, 美国的 1/4, 加拿大的 1/44 (雷乐成等, 2002; 周彤, 2001)。此外, 我国水资源季节性变化比较强烈, 南北跨度较大, 空间分布也不均匀。我国长江流域及其以南地区拥有超过 80% 的水资源, 而人口仅占我国总人口的 54%, 土地面积也只占 36.5%。相反, 对于秦岭—淮河为界的北方地区而言, 其面积占我国陆地面积的 63.5%, 人口占 46%, 而水资源的占有率不到 20% (郦建强等, 2011)。我国的降水量也呈现地域不均衡性, 从东南到西北区域, 降水量的减少十分明显。在我国南部沿海地区 (如广东省和福建省), 年降水量可以达到 2000 mm。然而, 在我国的西北地区, 大多以沙漠和戈壁地形为主, 其中新疆维吾尔自治区的年降水量不足 50 mm。另外, 我国水资源使用率低, 浪费严重, 在我国 600 多座城市中, 65% 以上的城市存在水资源短缺的问题, 其中严重缺水城市达到 110 个, 其中最为严重的缺水地区为华北地区, 其次为传统工业较为集中的东北部地区, 然后依次是西北地区、西南地区、华东地区和中南地区的城市。从流域角度来看, 缺水最为严重的是海河流域的城市, 其次主要集中在辽河中下游, 随后为淮河中下游、黄河中下游和东南沿海地区的城市 (环境保护部, 2012)。

除了严重的水量危机, 我国同时还面临着严重的水质危机, 城市排污是造成所属流域水体污染和水环境恶化的重要原因。2013 年, 长江、黄河、珠江、松花江、淮河、海河、辽河、浙闽片河流、西北诸河和西南诸河十大流域的国控断面中，Ⅰ～Ⅲ类水质断面比例为 71.7%、Ⅳ～Ⅴ类为 19.3% 和劣Ⅴ类水质为 9.0%。其中，水质为优良的国控重点湖泊（水库）占 60.7%，轻度污染占 26.2%，中度污染和重度污染的比例分别为 1.6% 和 11.5%。在全国 4727 个地下水水质监测点中，较差至极差水质的监测点占 55.0%，主要污染物指标为氨氮、COD_{Mn} 和 BOD_5。其中，富营养、中营养和贫营养的湖泊（水库）比例分别为 27.8%、57.4% 和 14.8%，主要污染物指标为 COD_{Mn}、BOD_5 和氮类污染物质（张光平和姜黎明，2014）。

2. 污水深度处理的必要性

（1）补充城市水资源

为了解决我国城市水资源短缺的问题，可以采取以下 3 个方面的措施：一是通过开采地下水和远距离调水，如我国的南水北调工程；二是提高用水效率从而降低水资源的浪费，如提高工业用水循环率、推广节水灌溉技术、减少供水管网漏失率等；三是通过污水深度处理产生的再生水作为现有水资源的补充。其中，远距离调水和过度的地下水开采等传统水资源开发措施成本较高，甚至会带来其他的水循环和水环境问题，而推广城市节水技术和提高城市用水效率是一个缓慢的过程，对解决城市缺水问题的帮助比较有限。因此，这两种方式都无法从根本上及可持续的角度解决我国城市的缺水问题。这样一来，城市污水再生利用已成为缓解城市缺水问题的主要措施，尤其对我国西部干旱缺水地区的水资源是一个重要的补充。

城市污水产生量大，其数量级与城市供水量相当，而且流量长、时间稳定，作为城市水源的补充，能实现连续稳定供水，且同一城市的污水水质在很长一段时间内保持相对稳定，采用可靠的再生利用技术是完全可以满足再生水回用相应的水质要求。不同区域城市再生水的回用处理成本不尽相同，但经过比较，几乎所有再生水的制水成本都要低于城市饮用水的生产成本。并且城市污水可以根据用水途径的不同实现分质供水，对供水水质要求不高的用户使用再生水获得的经济效益将更加明显。

作为水的社会循环的一部分，城市污水再生利用是将城市供水与城市排水建立连接的有效渠道（图 2.1），是闭合城市水系统的唯一办法（李圭白，2002）。在城市水系统中，城市污水再生利用会实现补充城市用水、降低城市取水量、减少城市排污 3 个方面的作用，这就意味着城市再生水水质只要满足所需的供水水质要求，合格的城市再生水可以重新作为水资源进入供水系统，并按照不同的使用目的进行水质和水量的重新调整、分配。同时，城市再生水的有效补充能大幅度降低城市从常规水源的取水量，维持常规水源的生态基流，保证了常规水源及城市水系统的自我修复能力。通过城市污水的再生有效避免了进入河、湖等天然水体的二级出水水量，减少了对城市地表水和地下水的污染，降低了生态风险（Urkiaga et al.，2008）。

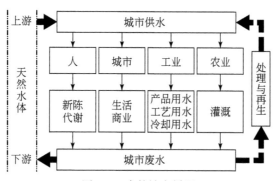

图 2.1　水的社会循环

（2）保障城市再生水的回用安全

通过污水处理厂二级出水水质与现行的城市杂用水回用水质标准和景观环境用水回用水质标准中的相应指标的比较，就常规化学指标而言，除色度超标外（>30c. u.），污水处理厂二级出水的其他指标均能达到城市杂用水和一般景观环境用水回用的要求。对于娱乐性景观环境用水，污水处理厂二级出水难以达到 BOD_5<6 mg/L，TP（总磷）<0.5 mg/L 的要求。

就有害金属离子而言，它们在污水处理厂二级出水中的浓度均未超过城市污水再生水用于景观环境用水的化学毒理学指标要求。该标准的苯酚和二甲苯指标值分别为 0.3 mg/L 和 0.4 mg/L，内分泌干扰物中的邻苯二甲酸二丁酯和邻苯二甲酸二辛酯指标值均为 100 μg/L，这些物质在污水处理厂二级出水中检出的浓度远远低于标准值。

多环芳烃和雌激素等内分泌干扰物是受到广泛关注的环境污染物，参照 USEPA 的饮用水标准和健康建议中对部分物质所建议的指标，多环芳烃中萘、苊、芴、蒽的健康建议值分别为 100 μg/L、2.0 μg/L、1.0 μg/L、10 μg/L，内分泌干扰物中的 2，4-二氯苯酚、五氯酚的健康建议或标准值分别为 20 μg/L、1.0 μg/L，就这些物质而言，它们从污水处理厂二级出水中检出的浓度基本上都在许可的范围内。需要指出的是，生物二级处理能够有效去除城市生活污水中含有的内分泌干扰物，对保障回用水的化学安全性起到了重要作用。

综上所述，污水处理厂二级出水在大部分指标上都能够满足回用的水质要求，尤其是对于有害金属离子、PAHs、苯酚、二甲苯等微量有机污染物，以及8

种代表性内分泌干扰物均有较高的化学安全保障性。二级生物处理对城市污水中的脂类、雌性激素类内分泌干扰物的去除率可达65%~95%。然而，污水处理厂二级出水回用的主要问题是水的色度偏高，以COD、BOD$_5$为代表的有机物指标不能满足娱乐性景观环境用水的要求，从回用水的安全角度讲，需对污水处理厂二级出水中的有机物进行进一步的去除，因此，城市污水的深度处理是十分必要的。

2.1.2 污水处理厂二级出水中溶解性有机物及其对深度处理工艺的影响

1. 污水处理厂二级出水溶解性有机物的组成

按照城市污水处理过程中有机物的来源，污水处理厂二级出水中溶解性有机物（effluent organic matter，EfOM）可分为微生物代谢产物（soluble microbial products，SMPs）、天然有机物（natural organic matter，NOM）、难降解人工合成有机物、尚未辨识的有机污染物等（Shon et al.，2006），如图2.2所示。

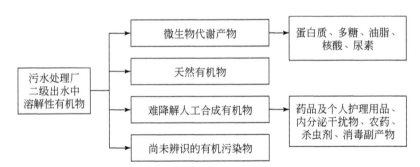

图 2.2　城市污水处理厂二级出水中 EfOM 的来源及分类

（1）微生物代谢产物

城市污水的二级处理通常采用生物法，即生物系统中的微生物利用污水中的有机物，通过自身的代谢，将污染物质去除，在这一过程中，微生物会产生胞外聚合物（extracellular polymeric substances，EPS）和溶解性微生物代谢产物。EPS为微生物的一种重要代谢产物，是细胞分泌出的一种聚合态物质，也可以通过细胞的裂解、水解产生，最终黏附在细胞表面。EPS的主要作用是提供细胞之间的相互聚合，遇到极端环境时，对微生物提供必要的保护，内源呼吸时可以作为微生物的碳源和能源，同时吸附一些营养物质（Raszka et al.，2006；Laspidou and Rittmann，2002）。

SMP 为微生物生长过程中（生长相关的产物，substrate utillization associated products，UAP）或者微生物细胞裂解过程中（非生长相关的产物，bi-omass associated products，BAP）形成的有机物质（Chalor and Gary，2007；Jarusutthirak and Amy，2006）。SMP 为污水处理厂二级出水中的主要成分，不同污水处理工艺及不同操作条件会使污水处理厂二级出水中 SMP 的性质不同，SMP 的产生也受到很多操作条件的影响，如水力停留时间、曝气量、污泥龄等（Garnier et al.，2005）。在极端的操作条件下，如高负荷、营养物质匮乏、低 pH 时会造成 SMP 的产量增多（Kimura et al.，2005）。在营养物质充足的情况下，SMP-UAP 的含量会升高，而 SMP-BAP 的含量降低。其中，SMP-UAP 比 SMP-BAP 更容易被生物降解，因此，城市污水处理厂二级出水中 SMP-BAP 较多。总体而言，SMP 主要成分为蛋白质、多糖和胶体态有机物（Jarusutthirak and Amy，2007；Barker and Stuckey，1999）。

（2）天然有机物

NOM 是天然水体中一种复杂的混合有机物，其中包含腐殖质类物质、亲水的酸性物质、碳水化合物、氨基酸及羧酸类物质。这些物质大多来自微生物的分解产物，其中腐殖质类物质含量最多，成分复杂，很难通过特定的分子式进行描述。NOM 中如氨基酸、碳水化合物、羧酸类物质等其他成分的含量较低，很难对其进行定量或者定性的分析（Alex et al.，2004）。城市污水处理厂二级出水中的天然有机物主要来自上游给水处理厂。

（3）难降解人工合成有机物

难降解人工合成有机物主要包括内分泌干扰物质（encocrine disrupting chemicals，EDCs）、药物和个人护理品（pharmaceuticals and personal care products，PPCPs）及消毒副产物（disinfection by-products，DBPs）等。

EDCs 指一种外源性干扰内分泌系统的化学物质，它们通过摄入、积累等各种途径进入生物体内，这类物质不会直接给生物带来危害，而是通过一定时间的积累，干扰生物体的内分泌系统，并导致生物体的异常。这类物质即使含量很低，也可以使人体或者其他动物体的内分泌出现异常，具体表现为生物体的生殖器异常、生殖能力下降、行为异常、幼体死亡率高等。EDCs 主要包括天然和人工合成的雌激素、烷基苯酚有机氯、有机卤素（二氧杂芑、多氯联苯、呋喃）、农药滴滴涕（dichlorodip henyltrichloroethane，DDT）、丁基锡（butyltin，TBT）等物质，此类物质往往在浓度仅为 ng/L 级时就能够起干扰内分泌系统的作用（Zhang and Zhou，2005）。

PPCPs 是一类含有药物、化妆品、食物添加剂和其他日常用品如洗发水、沐浴液等成分的化合物。由于 PPCPs 大部分溶于水，而且很难通过生物手段将其降解，有些 PPCPs 中的药物可以通过水溶液形成配合性更强的物质，这类物质往往会引起一系列的人体健康和环境问题，对生物组织和特定器官造成一定的生物效用，很可能具有生物遗传和富集效应（Joss et al.，2005；Oaks et al.，2004）。污水处理厂二级出水中的 PPCPs 的浓度范围一般为 ng/L 或者 μg/L，其浓度大小与污水处理厂服务范围内的企业、人群类别有关。

DBPs 是在消毒过程中有机物与消毒剂作用产生的一类副产物，氯化消毒是普遍采用的一种消毒工艺，在氯化消毒过程中产生的典型消毒副产物有三卤甲烷、卤代乙酸、卤代酮和卤代乙醛等，这类物质具有致癌、致畸、致突变（简称"三致"）作用，一般认为污水处理厂二级出水溶解性有机物是污水处理厂消毒处理过程中 DBPs 前驱物质的重要来源。为了减少三卤甲烷等氯化消毒副产物的生成，一些污水处理厂也会采用其他的一些消毒手段，如臭氧氧化、氯胺等。然而，研究表明这些消毒方式也同样会带来其他类型的消毒产物，如亚硝胺类消毒副产物等，其"三致"作用更强，因此，控制消毒副产物的产生还应从根本上降低污水处理厂二级出水溶解性微生物代谢产物的含量（郭瑾和彭永臻，2007）。

（4）尚未辨识的有机污染物

污水处理厂二级出水成分非常复杂，目前没有一种检测手段可以完全确定污水处理厂二级出水有机物的组成，因此除上述三类污染物质外，污水处理厂二级出水中还存在一类未被识别的有机污染物。

2. 溶解性有机物对后续处理工艺的影响

污水处理厂二级出水中的溶解性有机物会造成出水的色度、嗅味等感官指标增加，如果直接排放会影响受纳水体的生态安全，如果直接进行回用，难以保证再生水的回用安全。同时，污水处理厂二级出水溶解性有机物是消毒副产物的前驱物质，在氯消毒过程中不但会产生 THM 消毒副产物，而且会产生卤乙酸（haloaceticacid，HAA）等危害性更大的消毒副产物。与此同时，污水处理厂二级出水溶解性有机物对后续深度处理工艺有着较大的影响。

（1）对传统深度处理工艺的影响

传统污水深度处理工艺以去除水中的悬浮物、胶体物质等浊度物质为主，从而使污水处理厂二级出水中的浊度、细菌总数和总大肠菌群数降低，而水中的溶解性有机物会影响传统处理工艺的处理效果。溶解性有机物会将悬浮物和胶体物质包裹住，形成保护膜，增加颗粒物之间的空间位阻效应，因此如果采用传统工艺，势必会增加混凝剂的投加量使胶体颗粒脱稳，由于溶解性有机物的存在，混凝形成的絮体很容易破碎形成小而且松散的絮体，这样一来会堵塞滤池，降低砂滤的过滤周期，造成反冲洗水量增加，而且污水处理厂二级出水浊度、色度升高，感官效果变差（Rebhum and Lurie，1993）。

（2） 对臭氧氧化工艺的影响

臭氧通常用来除色、除味、改变有机物的结构和性状，起到改善后续处理工艺的效果，对降低三卤甲烷和其他卤代消毒副产物的产生非常有效（许保玖和安鼎年，1992）。但是由于溶解性有机物的存在，臭氧氧化会产生其他种类的消毒副产物，臭氧可将水中的某些有机物氧化为酮、醛、酮酸、醛酸和其他大量的中间产物，如甲醛、乙醛、乙二醛、丙酮酸等。甲醛和乙醛可使动物的呼吸系统产生肿瘤，乙二醛可能会引发胃癌（陈焕章等，1991）。当水中含有溴离子时，臭氧会将水中溴离子氧化成溴酸和溴仿，溴酸是目前能测定的致癌性最强的消毒副产物，它的致癌风险为三氯甲烷的 107 倍、二氯乙酸的 2.3 倍、三氯乙酸的 1.1 倍（Joslyn and Summers，1992）。臭氧还可以提高有机物的可生化性，当采用臭氧氧化工艺后，在排放和回用过程中可能会引起微生物的大量繁殖，造成水质安全问题。

（3） 对膜分离工艺的影响

污水处理厂二级出水溶解性有机物中含有大量的可溶性微生物代谢产物，主要由多糖、蛋白质和腐殖质类物质组成，如果污水深度处理中采用膜分离工艺，这些溶解性有机物会在膜表面形成难以去除的凝胶层，造成跨膜压差增大、膜通量下降的现象。同时，膜组件内部阴暗潮湿，多糖、蛋白质等溶解性有机物的存在，会使微生物在膜组件内部及表面积累和生长，微生物的生长也会产生大量胞外聚合物，产生更多的多糖、蛋白质等溶解性有机物，进一步影响膜组件的正常运行（Xu，2006）。

2.1.3 常规深度处理工艺的局限性

从 19 世纪的过滤净水工艺到 20 世纪的混凝—沉淀—过滤—消毒的常规处理工艺，再到现在膜分离技术等其他高级处理技术，尽管水污染处理技术及工艺逐渐发展并趋于完善，但是这种常规的水处理工艺至今仍被世界上大多数的国家所采用（董秉直等，2003；王志飞和胡海修，2002），是目前饮用水的主流处理工艺，其目的是去除悬浮物、浊度和水中的致病细菌。常规处理工艺对设备要求较低，维护操作相对简单，运行也比较稳定。虽然将常规处理工艺直接应用于污水深度处理中，在一定程度上可去除有机污染物，浊度，氮、磷等营养物质，但是城市污水中有机物含量较高，相对于常规处理工艺开发之初面临的地表水中的有机成分而言更为复杂，因此就会造成该工艺对溶解性物质的去除率较低（Yu and Kong，1998；Stephenson and Duff，1996）。

同时，污水处理厂二级出水中的有机物一般带有较高的表面电荷，而且人们在用水环节中过多地排放一些人工合成的有机物，如内分泌干扰物、药品等，这些有机物会吸附在胶体颗粒表面形成有机保护膜，进一步增加了胶体颗粒表面的电荷密度，阻碍了胶体颗粒的碰撞、脱稳，增加了处理的难度。同时也难以彻底去除水中病原微生物、有毒有害微量污染物和生态毒性等，从而影响再生水水质和回用安全（潘芳，2006；白木，2004；李晓东等，1999；Virjenhoek，1998；Gibbs，1983）。如果采用常规的水处理工艺将会增加相应絮凝剂的药耗，提高制水成本。

此外，在我国一般采用氯化消毒的方式，由于污水处理厂二级出水中溶解性有机物的存在，在氯化消毒过程中，氯与水中的消毒副产物前驱物反应会产生以三卤甲烷为代表的消毒副产物，处理后再生水的安全性难以保证，而再生水的水质安全健康风险近年来逐渐引起人们的关注，因此，需要更为可靠的工艺来保障再生水的安全。

2.2　污水深度处理工艺强化

基于2.1.3节中常规处理工艺的局限性，常规处理工艺需要进行强化以提高其对污水处理厂二级出水中溶解性有机物、病原微生物等的去除效率，从而降低再生水的健康风险。目前，污水深度处理的强化方式为强化混凝，以及与其他处理工艺联用，如与活性炭吸附联用、与臭氧氧化联用和与膜分离技术联用。

2.2.1　强化混凝

强化混凝最早在饮用水处理领域提出，其定义为通过调整pH或增加混凝剂的投加量，来提高常规处理工艺对天然有机物的去除效果，最大限度地去除消毒副产物的前驱物，保证饮用水消毒副产物符合饮用水标准的方法（Krasner and Amy，1995）。在污水深度处理中，强化混凝技术主要通过药剂的改善、匹配和混凝工艺的优化，增大絮体对水中超微细颗粒的碰撞概率、增强有机物和絮体的吸附作用，在保证颗粒态及胶体态物质去除效果的前提下，提高有机物及其他污染物质的去除效率，广义上就是通过改善混凝条件提高污水处理厂出水的水质。

强化混凝与常规混凝工艺相比提高了溶解性有机物的去除效率，但是为了提高有机物的去除效率所采取的一系列措施又可能产生一些其他的负面影响。强化混凝会导致混凝剂投量的提高，从而使混凝剂消耗量上升，提高了沉淀池的污泥含量，pH的降低会导致絮体的形成受到一定影响，絮体的沉淀效果恶化，沉淀池出水浊度升高，影响后续工艺的处理效果，同时，水的腐蚀性增强，残余铝含量升高（刘起峰，2007）。

2.2.2　与活性炭吸附联用

经过常规处理工艺后，绝大部分溶解性有机物没有得到去除，这部分有机物可以通过活性炭吸附进行去除。活性炭是一种多孔性、疏水性吸附剂，具有巨大的比表面积。活性炭的吸附类型根据固体外表吸附力的不同，可分为物理吸附、化学吸附、同离子交换吸附、催化氧化及还原作用等。物理吸附为依靠水中污染物质与活性炭表面分子之间产生的分子间作用力（范德华力）而产生吸附作用。依靠活性炭表面丰富的官能团与污染物质之间的化学键产生的吸附作用称为化学吸附。因为静电引力，离子集聚在吸附剂表面的带电点上，同时，在吸附过程中，伴随着等量离子的交换称为同离子交换吸附。由于活性炭独特的化学特性及构造（如孔隙结构、高表面活性、高比表面积及各种化学基团），其具有一定的催化特性，从而会与污染物质发生催化氧化和还原反应，加速水中污染物质的去除，这种作用称为催化氧化及还原作用。在深度处理工艺中，活性炭工艺还可以去除水中的重金属离子，进一步改善出水感官效果，但是活性炭工艺需要定期对活性炭进行再生或者更换，其过程较为烦琐。

2.2.3　与臭氧氧化联用

常规处理工艺经常与臭氧氧化工艺联用，通常的联用方式为预臭氧氧化-混凝这种方式，Reckhow 等（1986）的研究表明预臭氧氧化可以有效提高后续混凝工艺的处理效果，其作用机理可以归纳为：①臭氧的作用使水中含氧官能团（如羧基、羟基）的含量增多，使更多的铝、铁、镁及钙离子与之络合、沉淀；②臭氧氧化使吸附在胶体颗粒上的有机物亲水性增强，从而导致有机物从颗粒物上解吸下来；③臭氧将大分子有机物转化为小分子有机物，降低了空间位阻和静电斥力，提升了混凝的效果；④臭氧会引起有机物聚合，促进颗粒物通过吸附架桥的方式凝聚；⑤臭氧会引起铁、锰络合体的解体，解离的铁、锰会产生混凝的效果；⑥臭氧可以分解藻类和氧化生物聚合物，使之起到混凝聚合物的作用。

Sadrnourmohamadi 和 Gorczyca（2015）的研究表明，在混凝前采用预臭氧氧

化工艺，臭氧投加量为 0.6 mg O_3/mg DOC[①] 和 0.8 mg O_3/mg DOC 时，可以提高混凝工艺对溶解性有机物的去除效率，当臭氧投加量仅为 0.2 mg O_3/mg DOC 时，对后续混凝工艺几乎没有影响，但是，该研究没有对更高臭氧投加量情况下，预臭氧氧化-混凝工艺的去除情况进行研究。Chiang 等（2009）通过预臭氧氧化混凝工艺去除金门太湖地表水中的 NOM，控制消毒副产物的产生，研究表明最佳的臭氧投加量为 0.45 mg O_3/mg DOC，在 pH=9 的情况下，DOC、UV_{254}（其表示254nm 下紫外吸光度值）和三卤甲烷生成势均有明显降低。Pei 等（2007）同样认为预臭氧氧化可以提升 NOM 的去除率，COD_{Mn}、TOC（total organic carbon，总有机碳）和 UV_{254} 的去除率在臭氧投加量为 0.85 mg/L 的时候达到最佳，去除效果的提升是因为臭氧对 NOM 的直接氧化，改变了 NOM 的结构，最终使其生化性增强，在砂滤工艺中可以很好地去除。

Yan 等（2007）采用 $FeCl_3$ 和 HPAC 作为混凝剂，以我国北方地表水为原水，研究了预臭氧氧化对混凝的作用，研究表明，臭氧的投加量对后续混凝工艺起到了至关重要的作用。对于 $FeCl_3$ 而言，当臭氧投加量为 1.0 mg/L 时，预臭氧氧化可以提高后续混凝工艺对浊度和 UV_{254} 的去除率。然而，当臭氧投加量提升至2.0 mg/L 时，尽管浊度的去除效率仍在提高，但后续混凝工艺对于 UV_{254} 的去除率降低。当采用 HPAC 作为混凝剂时，在臭氧投加量较低时，预臭氧氧化可以聚集细小的颗粒物质，同时打碎大的颗粒物质，使颗粒态污染物质更容易通过混凝去除，中等分子量的 NOM 和疏水中性组分经过预臭氧氧化有所提升，这些组分很容易被混凝工艺去除。但是，当臭氧投加量过高时，NOM 变得更加亲水，分子量变小，降低了后续混凝工艺的去除效率。Bose 和 Reckhow（2007）认为随着预臭氧氧化投加量的提升，后续混凝对于 DOC 的去除率逐渐降低，这是因为臭氧易与 NOM 中的腐殖质类物质反应，而混凝工艺也很容易去除腐殖质类物质，因此预臭氧氧化混凝工艺不适用于含有较多腐殖质类物质的原水。

刘海龙等（2006）的研究结果表明，使用聚合氯化铝（poly aluminum chloride，PAC）作混凝剂，预臭氧氧化的助凝效果不明显，预臭氧氧化对有机物结构有重要影响，导致有机物极性、亲水性组分含量大幅提高，小分子量组分大幅增高。臭氧投加量为 0.7 mg O_3/mg TOC 时，会导致絮体形成缓慢、滞后，絮体在整个絮凝过程中无法快速成长、沉降性能变差。在低投加量时（<0.7 mg O_3/mg TOC），其影响不明显，从浊度、UV_{254}、DOC 的去除率上讲，未起到助凝作用。臭氧还可以改变混凝剂的水解形态，随着臭氧浓度的升高 Al_b 含量逐渐降低，因此臭氧投加量的增加会阻碍絮体形成，这也是出水浊度升高的一个重要原

---

① DOC 为 dissolved organic carbon，即溶解有机碳。

因（王敏慧等，2014）。

Farvardin 和 Collins（1989）发现无论采用天然腐殖酸还是商品腐殖酸，预臭氧氧化可以使铝系混凝剂的使用量降低 13%~30%。对于一个给定的系统而言，一定会存在一个最优的臭氧投加量，如果臭氧投加量高于最佳投加量，臭氧反而会恶化后续混凝工艺的处理效率。当然，如果原水中含有大量小分子的腐殖质类物质，预臭氧氧化对于混凝工艺的促进也十分有限。

由以上研究情况可以看出，预臭氧氧化对于混凝的作用是一个复杂的过程，不同学者的研究结果不尽相同，臭氧可以提高混凝的效果，也可以降低混凝的去除效率，臭氧投加量在这里起到了至关重要的作用，也较难控制，对于不同水质条件及 pH 条件，臭氧投加量也需要进行调整，因此，对于预臭氧氧化混凝工艺而言，对工艺条件的要求较为苛刻，否则会导致混凝效果变差。

2.2.4　与膜分离技术联用

膜分离技术因其对颗粒态、胶体浊度物质、细菌、病毒、寄生虫污染物质的高效去除能力而得到了广泛的应用，这是常规处理和其他一些深度处理无法比拟的。得到的优质再生水可用作工业用水、城市杂用水、灌溉用水等。但是，污水处理厂二级出水直接采用膜分离工艺进行深度处理，会造成膜组件的严重污染，长期运行后会影响膜组件运行的稳定性及恶化出水水质，降低产水效率，增大处理成本。因此，对污水处理厂二级出水进行深度处理时，需对膜组件进水进行预处理，缓解膜组件的污染。而常规处理工艺通常作为膜分离工艺进水的预处理工序，这样可以有效降低进水的浊度、去除颗粒态的有机物，有效保证了膜组件的出水水质，缓解膜污染，降低了膜分离工艺的处理成本。但是，总体而言，膜技术的处理成本较高，膜组件的购置费用、高压泵的电耗、化学清洗药剂的费用是制约该工艺在污水深度处理中应用的瓶颈。

2.3　工业废水处理及回用

2.3.1　工业废水的分类及特点

在工业生产中，作为生产原料、洗涤剂、冷却剂，在使用过程中大部分水逐渐改变原有性质，成为工业废水。工业废水分类的方法有以下几种（表2.1）。

表 2.1 主要工业废水种类及其来源

废水种类	污水的主要来源
重金属废水	采矿、冶炼、金属处理、电镀、电池、特种玻璃及化工生产等
放射性废水	铀、镭矿的开采加工，医院及同位素实验室
含铬废水	采矿、冶炼、电镀、制革、颜料、催化剂等工业
含氰废水	电镀、金银提取、选矿、煤气洗涤、核电站焦化、金属清洗、有机玻璃
含油废水	炼油、机械厂、选矿厂、食品厂
含酚废水	焦化、炼油、化工、煤气、染料、木材防腐、合成树脂等
有机废水	化工、酿造、食品、造纸等
含砷废水	制药、农药、化工、化肥、采矿、冶炼、涂料、玻璃等
酸性废水	化工、矿山、金属酸洗、电镀钢铁等
碱性废水	制碱、造纸、印染、化纤、制革、化工炼油等

1. 按污染物性质分类

通常分为有机废水、无机废水、重金属废水、放射性废水等。根据主要污染物种类的不同，分为含酚废水、含铬废水、酸性废水、碱性废水等。这种分类方法用于废水处理技术的研究和讨论。

2. 按生产废水的工业部门分类

一般分为冶金工业废水、化学工业废水、煤炭工业废水、纺织工业废水、食品工业废水等。按生产废水的行业可分为印染工业废水、造纸工业废水、焦化工业废水、乳制品工业废水、制革工业废水等。这种分类方法用于对各行业工业废水污染防治的研究与管理。

3. 按废水来源与污染程度分类

1）生活污水——来源于卫生设备、洗涤设备、食堂。生活污水与城市污水可直接排入城市污水管道，也可与厂内有机工业废水合并处理。

2）冷却水——来源于去除反应热或冷却器、压缩机的冷却。冷却水是工业废水中比例最大的，由于受到热污染，直接排放会增加水体的热量，而且冷却水循环系统产生的浓缩废水受盐类和缓蚀剂的污染严重，需处理。

3）洗涤废水——来源于对原材料、产品、生产场地的冲洗。这类废水处理后可循环利用。

4）工艺废水——是污染较重的废水，是工业废水的主要污染源，必须处理。

5）地表雨水——许多工业企业的地表水经常受到污染，污染较重，需进行处理。

这种分类方法适用于对各行业工业废水的污染防治进行研究管理。

工业废水具有下述主要特点：①工业废水种类多，治理复杂；②成分复杂，单一的处理方法无法达标，处理费用高；③污染物浓度高，色度大，直接排放会严重污染环境；④工业废水排放量大，约占全国废水排放总量的 70%，而且水质水量变化大，处理工艺复杂；⑤COD 值偏高，BOD_5/COD 值低，可生化性差。其主要污染源及水质特征见表 2.2。

表 2.2　工业废水中的主要污染源及其水质特征

工业部门	工厂性质	废水特征
动力	火力发电、核电	热，悬浮物高，酸性，放射性，水量大
冶金	选矿、采矿、烧结、炼焦、金属冶炼、电解	COD 较高，含重金属，毒性较大，废水偏酸性，含放射性废物，水量较大
化工	肥料、纤维、橡胶、染料、塑料、农药、油漆	BOD_5 高，COD 高，pH 变化大，含盐量高，毒性强，成分复杂，难降解
石油化工	炼油、蒸馏、裂解、催化、合成	COD 高，毒性较强，成分复杂，水量大
纺织	棉毛加工、纺织印染	带色，毒性强，pH 变化大，难降解
制革	洗毛，人造革	含盐量高，BOD_5 高，COD 高，恶臭，水量大
造纸	制浆、造纸	污染物含量高，碱性大，恶臭，水量大
食品	屠宰、肉类加工、油品加工、乳制品加工、蔬菜加工	BOD_5 高，致病菌多，恶臭，水量大
机械制造	铸、锻、机械加工、热处理、电镀	重金属含量高，酸性强
电子仪表	电子器件原料、电讯材料	重金属含量高，酸性强，水量小
建筑材料	石棉、玻璃、耐火材料、化学建材	悬浮物含量高，酸性强，水量小
医药	药物合成、精制	污染物浓度高，难降解，水量小
采矿	煤矿、磷矿、金属矿、天然气井	成分复杂，悬浮物高，油量含量高，有的废水含放射性物质

工业废水排入水体后都会产生一定程度的污染，各种物质的污染程度虽有差别，但超过某一浓度值后会产生危害。

1）含无毒物质的有机废水和无机废水的污染。有些污染物质本身虽无毒，但由于量大或浓度高而对水体有害。例如，排入水体的有机物，超过允许量时，水体会出现厌氧腐败现象；大量的无机物流入时，会使水体内盐类浓度增高，造成渗透压改变，对生物（动植物和微生物）造成不良影响。

2）含有毒物质的有机废水和无机废水的污染。例如，含氰、酚等极性有毒物质、重金属等慢性有毒物质及致癌物质等造成的污染。

3）含有大量不溶性悬浮物废水的污染。例如，纸浆、纤维工业等的纤维素，选煤、选矿等排放的微细粉末。这些物质沉积水底有的形成"毒泥"，发生毒害事件的例子很多。如果是有机物，则会发生腐败，使水体呈厌氧状态。这些物质在水中还会堵塞鱼类的鳃，导致其呼吸困难，并破坏其产卵场所。

4）含油废水产生的污染。油漂浮在水面既有损美观，又会散发出令人厌恶的气味。燃点低的油类还有引起火灾的危险。动植物油脂具有腐败性，会消耗水体中的溶解性。

5）含高浊度和高色度废水产生的污染。引起光通过量不足，影响生物的生长繁育。

6）酸性和碱性废水产生的污染。除对生物有危害作用外，还会损坏设备和器材。

7）含有多种污染物质废水产生的污染。各种物质之间会产生化学反应，或者在自然光和氧的作用下产生化学反应并生成有害物质。例如，硫化钠和硫酸产生硫化氢，亚铁氰盐经光分解产生氰等。

8）含氮、磷工业废水产生的污染。对湖泊等封闭水域，含氮、磷物质的废水流入，会使藻类及其他水生生物异常繁殖，使水体产生富营养化。

2.3.2 工业废水的处理及回用现状

水污染是当前我国面临的主要环境问题之一。环境问题已被国际公认将是影响 21 世纪可持续发展的三大关键问题之一。随着改革开放以来我国经济的高速发展和人民生活水平的不断提高，工业废水的排放量日益增加。其中，工业废水排放量占废水总量 70% 以上，这一方面反映了我国工业生产的迅猛发展，另一方面也说明了工业废水是环境危害的日益加深的重要原因，对工业废水进行治理非常必要。

虽然我国对工业废水的治理做了许多有益的工作，但治理能力的增长还赶不上工业废水引起污染的增长。再加上治理技术水平不高，有些设计选用的处理工艺存在盲目性，许多生产环保设备的厂商技术力量相当薄弱，这都造成已经建立的工业废水处理工程效率低下，设备使用期短，不能达到预期效果，使得工业废水污染泛滥成灾。工业废水治理已刻不容缓。

我国工业生产的工艺和装备及生产管理水平较为落后，资源、能源的综合利用水平较低，加上原有市政公用和公共卫生设施基础薄弱，以致废水中大量有害物质未经处理就直接排入周边环境。近年来，加强了对工业污染源的控制；开展了综合利用和废料回收资源化，开发了清洁生产新工艺；对重点污染源采取期限达标排放，结合产品结构调整，采取"关、停、并、转"的有效措施；对新、扩建项目采取环保一审否决制，很大程度上降低了污染物的排放量。因此，工业废水处理设施迅猛发展，不少水域水质得到改善。但因起步晚，种类多，缺乏综合统筹，污染源没有进行切实的防治，因而环境污染破坏尚未得到彻底控制，工业废水排放引起的污染仍然十分严重。

环境保护是我国的一项基本国策。我国实行"防治结合，以防为主，综合治理"的方针，这一方针对防治水污染同样适用。近年来，由于坚持执行"三同时"制度和环境影响报告制度，防止新污染源的发展，工业废水产生的不良环境影响得到了有效的控制；在"点、源"污染限期达标排放的基础上，倡导组织相邻工厂建立联合废水处理；推广清洁生产工艺和寻找无害化替代品；鼓励"三废"（废水、废气、固体废弃物）综合利用，使其资源化，变废为宝。不过，许多方面还有待完善与发展，尤其结合高新技术的发展，不断提高废水治理技术水平，将是未来我国工业废水治理的主要发展方向。

工业废水往往通过厂区内处理，处理达标后排入城市管网，输送至当地或区域污水处理厂站进行集中处理。控制工业废水污染源的基本途径是减少废水排出量、工业废水的单独处理及工业废水的清污分流，现分述如下。

1. 减少废水排出量

1）废水进行分流。将工厂所有废水混合后再进行处理往往不是好方法，一般都需进行分流。对已采用混合系统的老厂来说，无疑是困难的，但对新建工厂，必须考虑废水的分流问题。

2）节约用水。每生产单位产品或取得单位产值排出的废水量称为单位废水量。即使在同一行业中，各工厂的单位废水量也相差很大，合理用水的工厂，其单位废水量可以通过改造现有用水管路，采用更为节水的设备等方式实现节水目标。

3）改革生产工艺。改革生产工艺是减少废水排放量的重要手段。具体措施有更换和改善原材料，改进装置的结构和性能，提高工艺的控制水平，加强装置设备的维修管理等。

4）避免间断排出工业废水。例如，电镀工厂更换电镀废液时，经常间断地排出大量高浓度废水，若改为少量均匀排出或先放入调节池内再连续均匀排出，能减少处理装置的规模。

5）提高回用比例。提高工业废水再生回用率是降低工业废水排放量的重要手段，该措施需对工业废水进行深度处理，同时最高实行多级回用的形式，即上一级工序的排水用作后一道工序的生产用水。

2. 工业废水的单独处理

含有重金属、放射性物质的废水，如果直接进入城市或区域污水处理厂集中处理，污染物会因不能降解而转入污泥，对生物处理将造成危害。含汞 0.1 mg/L 的活性污泥，就会明显抑制微生物的增长和活性，从而影响最终处理效果。如果将污泥施于农田，这类有毒有害物质会富集于作物，通过食物链助剂进一步富集，最后进入人体，危害人的健康。如果这些污染物随污水处理厂二级出水排于收纳水体，也会经水生食物量在水生生物中富集。所以，这类废水多采用沉淀法单独预处理后，再集中处理。

含有酸碱污染物的废水，也不宜直接排向城市或区域污水处理厂集中处理。酸、碱废水来源很广，有的废水含有无机酸，有的废水含有有机酸，有的废水则兼而有之，微生物正常生长对水的 pH 有一定要求，何况酸、碱废水还会腐蚀管道，毁坏农作物，危害渔业生产。这类废水也需要经过中和法单独预处理或者回收重要工业原料后，再集中处理。

工业废水中往往还含有大量有毒、有害气体，如 CO_2（二氧化碳）、H_2S（硫化氢）、HCN（氰化氢）、CS_2（二硫化碳）、NH_3（氨气）等。有的损害人体健康，有的腐蚀管道、设备，有的毒害微生物生长。这类废水常用吹脱技术先进行单独处理。利用通入空气，使有毒有害气体向气相转移而被空气带走，达到脱除减量后，再集中处理。

含有不能或难以生物降解污染物的废水，污染物多是有毒有机化合物，这类废水也应该在源头就地单独处理。处理这类废水因水质的不同，处理方法也千差万别，应根据所含污染物的种类与特性，选择最为有效的处理方法，单独处理到达标排放，也可建立闭路循环处理系统，使废水经过处理后回用于生产，还要注重分离回收污染物，使其得以循环使用或重新资源化。

3. 工业废水的清污分流

为了有利于对不同性质的工业废水分别进行处理和利用，几种不宜混合的废水，应在各厂或各车间单独局部处理。将所有废水混合后再进行治理，往往不是好方案。工厂内部应实行清水、污水分流（即清污分流），并设置多路管道系统收集不同性质的废水，采取不同的处理对策。

清污分流是推广工业循环水系统的前提，也是减少废水排放量的最有效措施。若不实行清污分流，水质较洁净的冷却废水和水质污浊的生产废水混杂在一起，这不仅使较清洁的废水水质受到严重污染，无法循环使用或重复利用，而且污染严重的生产废水被大量较清洁的废水稀释，使有用物质不易回收，也使工业废水处理的设备投资和运行费用有所增加。因此，新建企业必须把清污分流作为企业排水系统设计的主要准则，老企业也应对旧排水系统逐步进行改造，做到清污分流。

在一个工厂中，工业废水往往由于产品与工段并不单一，各源头排出的生产废水差别很大。所以，工业企业内部最好能建造多个排水系统适用于不同水质的工业废水，以便采用不同的处理措施和回收资源。

2.3.3 典型工业废水的处理及回用基本方法

工业废水处理是将工业废水中所含的各种污染物与水分离或加以分解，使其净化的过程。

工业废水处理方法按作用原理大体可以分为物理处理法、化学处理法、物理化学处理法和生物处理法。

1）物理处理法是利用物理作用来分离废水中的悬浮物或乳浊物。常见的有格栅、筛滤、沉淀、离心、澄清、过滤、隔油等方法。

2）化学处理法是利用化学反应的作用来去除水中的溶解物质或胶体物质。常见的有中和、氧化还原、光催化氧化、微电解、电解絮凝、焚烧等方法。

3）物理化学处理法是利用物理化学作用来去除废水中的溶解性或胶体物质。常见的方法有混凝、浮选、吸附、离子交换、膜分离、萃取、汽提、吹脱、蒸发、结晶等方法。

4）生物处理法是利用微生物代谢作用，使废水中的有机污染物和无机微生物营养物质转化为稳定、无害的物质。常见的有活性污泥法、生物膜法、厌氧生物消化法、稳定塘与湿地处理等。生物处理法也可按是否供氧分为好氧处理和厌氧处理两大类，前者主要有活性污泥法和生物膜法两种，后者包括各种厌氧生物消化法。

现以印染废水及油气田工业废水处理及回用为例，具体介绍这两种典型工业废水的处理方法及现状。

1. 印染废水处理及回用

印染废水处理方式主要包括物理处理法、化学处理法及生物处理法。

（1）印染废水物理处理法

1）吸附法。吸附法是目前印染废水深度处理的主要方法之一，该方法的原理是利用多孔性的固体物质，如活性炭、黏土矿物、硅胶等表面的吸附作用去除废水中一种或多种污染物。该法用于除去废水中溶解性有机物和水溶性染料十分有效，但其缺点在于无法去除水中的胶体和疏水性染料。目前，在印染废水处理中主要使用以下几种吸附剂：①煤渣或劣质煤经由加工和改性而制成的活化煤、磺化煤（郭丽等，1993）。②天然矿物类吸附剂。由于自然界中天然矿物储藏丰富，故而将其用作吸附剂更具成本优势。李方文等（2005）利用经提纯与酸改性后的海泡石对印染废水进行了处理，COD 去除率和悬浮物（suspended substance，SS）去除率分别达到 80% 和 90% 以上。王连军和黄中华（1999）向印染废水中投加 0.1% 经高温焙烧后的膨润土后，COD 去除率可达 74%，脱色率也在 95% 以上。冀静平和祝万鹏（1998）利用聚合铁改性的膨润土处理印染废水时，投加量为 5~6 g/L 时，对于酸性大红、活性艳红、酸性黑的 COD 去除率分别可以达到 45%、71%、60%。③天然高分子物质。蔗糖、甲壳素蛋白质等天然高分子物质改性后可用于印染废水的脱色（张宇峰等，2003）。

2）膜分离法。膜材料根据其孔径大小可分为微滤（microfiltration，MF）膜、超滤（ultrafiltration，UF）膜、纳滤（nanofiltration，NF）膜、反渗透（reverse osmosis，RO）膜等。其中，MF 膜可以阻截废水中的细菌、病毒、悬浮颗粒，UF 膜在 MF 膜基础上可以阻截蛋白质等大分子有机物，NF 膜在 UF 膜的基础上可以阻截废水中的 BOD_5、COD、二价金属离子等，RO 膜则是在 NF 膜的基础上可以阻截废水中的所有离子。膜分离技术具有无二次污染，处理过程简单，操作方便，能耗低的优点。操家顺等（2014）采用混凝沉淀—生物活性碳（biological activity carbon，BAC）—超滤工艺处理印染废水二级生化出水，废水中 COD、真色（ture colour unit，TCU）及浊度的平均去除率为 53%、49.2% 和 99.5%，UV_{254} 下降了 50%。邢奕等（2011）采用膜生物反应器（membrane bioreactor，MBR）—反渗透（RO）联合技术深度处理印染废水，MBR 系统处理后，印染废水的 COD 的去除率高达 89.9%。MBR 出水经过 RO 系统处理之后，硬度和无机盐去除率分别为 99.62% 和 99.64%。

(2) 印染废水化学处理法

1）化学混凝法。化学混凝已成为印染废水处理中的最常见的组合工艺之一。化学混凝法主要包含混凝沉淀法和混凝气浮法。化学混凝法的主要优点是工艺简单、自动化程度高、设备成本小，占地面积少、脱色效果好；缺点是运行成本高，出泥量大且不易脱水、对亲水性染料处理效果差（黄旭，2009）。目前，常用的混凝剂以铝盐和铁盐为主。苏玉萍和窦旦立（1999）利用化学混凝法对活性染料为主的印染废水进行处理，硫酸亚铁或聚合氯化铝加聚丙烯酰胺（polyacrylamide，PAM）作混凝剂，都可以达到 90% 左右的脱色率。杜仰民（1992）采用 PFS（polymeric ferricsulfate，聚铁）、$FeCl_3$、$FeSO_4$ 3 种无机铁盐做絮凝剂，其对疏水性染料的脱色率均达 90% 以上。

2）化学氧化法。根据氧化剂与氧化条件的不同，主要分为臭氧氧化法、芬顿试剂氧化法和二次氯氧化法等。

臭氧氧化法：由于目前印染废水排放标准及回用率的提高，国内外印染行业都很重视利用臭氧氧化法对印染废水进行深度处理，臭氧可以快速广泛地分解废水中的大部分有机物，但不能完全矿化有机物，其可以将染料中的发色基团破坏从而达到脱色的目的。钱飞跃等（2012）研究发现，臭氧可以有效提高印染废水生化出水的可生化性，并可以降低其色度和芳香度。

芬顿试剂氧化法：过氧化氢（H_2O_2）与二价铁离子（Fe^{2+}）的混合溶液在酸性条件下将很多已知的有机化合物氧化为无机态的过程。其反应具有去除难降解有机污染物的能力，在印染废水处理中应用广泛（Papić et al.，2009；Lodha and Chaudhari，2007）。

二次氯氧化法：主要是通过液氯和次氯酸钠的强氧化性，破坏废水中染料的发色基团和化学键，从而进行脱色和去除有机物（Wang et al.，2010；Bi et al.，2008）。

（3）印染废水生物处理法

生物处理法是通过微生物的代谢作用将废水中的有机污染物转化为无害物质的方法，可分为好氧生物处理法和厌氧生物处理法及生物组合工艺，好氧生物处理法主要有活性污泥法、生物膜法、氧化塘法等。生物处理法具有操作简单，成本低，运行费用低，无二次污染等特点，目前国内印染废水处理以生物处理法为主，其中好氧生物处理占绝大多数。

1）好氧生物处理法。好氧生物处理法是指好氧微生物在游离氧存在的条件下，以废水中的有机物为营养物质，使有机物降解、稳定的过程（李雅婕和王平，2006）。目前传统的活性污泥法并不适用于印染废水的处理，但通过对原有工艺的改进则可以有效地应用于印染废水的处理中，其主要改进为：①延长活性污泥法的停留时间；②提高好氧池中的污泥浓度；③组合工艺。

2）厌氧生物处理法。在厌氧条件下，利用厌氧微生物分解废水中的有机物并产生甲烷和二氧化碳的过程，分为水解阶段、产氢气产乙酸阶段、产甲烷阶段、同型产乙酸阶段。污水厌氧生物处理工艺包括厌氧活性污泥法和厌氧生物膜法。

3）生物组合工艺。对于可生化性较低的印染废水，单一的好氧生物处理法处理效果并不理想，并且好氧生物处理法会带来剩余污泥的问题。但若是使用单一的厌氧生物处理法，则会有运行周期较长，出水难以达标，并且还需要进一步处理其气味与色度（钦濂等，2005）。目前，印染废水生物处理中多采用厌氧—

好氧处理工艺（王学华等，2014；张双圣等，2011），即先对印染废水进行厌氧处理，印染废水中大分子有机物在兼性微生物的作用下分解成小分子，提高了印染废水的可生化性，并且由于其出水水质稳定，故而减少了负荷冲击，有利于后续的好氧处理（Navotný et al., 2001）。Kuai 等（1998）研究发现在 UASB（up-flow anaerobic sludge bed，上流式厌氧污泥床）工艺后加好氧活性污泥法处理印染废水，COD 和色度去除率分别达到 98% 和 95%。厌氧或缺氧出水中含有的有机胺等致癌物质可以通过好氧池中的微生物代谢作用得到有效的去除，并且厌氧缺氧好氧组合工艺还具有脱氮除磷的作用，故而可以有效地抑制活性污泥发生膨胀（Frank and Santiago, 2005；O'neill et al., 2000）。

（4）典型印染废水处理与回用工艺及存在问题

图 2.3 为典型印染废水处理工艺，印染废水首先进入调节池，在调节池中进行混合，并投加适量氢氧化钙，调节 pH 到弱碱性，随后在混凝池中投加适量 PAC 与 PAM，形成的絮体在初沉池中沉淀去除，停留时间为 5～6h；随后污水进入生物处理系统，分别经水解酸化池和好氧池处理，通过微生物作用去除水中 COD 和氮、磷等污染物，在水解酸化池的水力停留时间为 15～20h，在好氧池的水力停留时间为 10～15h，随后进入二沉池，经过 4～5h 的沉淀后，处理后的水与一定量的 PAC 混合后进入终沉池，经过 8h 的沉淀，一部分处理后的污水进入城市或者园区管网系统，一部分处理后的水继续进行后续深度处理。

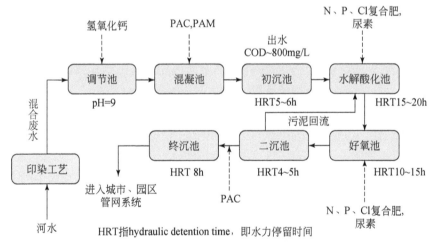

图 2.3　典型印染废水处理工艺图

目前，对于印染废水深度处理而言，常用的处理工艺为混凝工艺、混凝+超滤工艺、臭氧氧化工艺、混凝+臭氧氧化工艺、预臭氧氧化+混凝工艺和双膜法（超滤+反渗透），表 2.3 为 6 种工艺处理效果比较，从表 2.3 中可以看出 6 种工艺在色度去除效果上存在一定差异，其中双膜法对色度的去除效果最好，这样一来再生水用于染色时的效果最佳，在实际工程中的应用比较广泛。但是双膜法处理效果优异的代价是大量的能量消耗，运行费用较高。

表 2.3　6 种处理工艺比较表

项目	色度去除率（%）	整体处理效果	能耗药耗情况	实际工程应用情况
混凝工艺	45	对 COD 的去除效果不明显，整体效果一般	主要是药剂费，能耗较低	处理效果一般，应用较少
混凝+超滤工艺	75	对 COD 的去除效果不明显，对 SS 去除效果很好	主要是药剂费和电费，能耗较高	处理效果一般，超滤膜成本较高，应用较少
臭氧氧化工艺	65	对 COD 的去除效果较明显	主要是电费，能耗较高	处理效果较好，处理流程简单
混凝+臭氧氧化工艺	70	对 COD 的去除效果也很明显，整体效果好	主要是药剂费和电费，能耗较低	工艺流程简单，处理效果好，应用广泛
预臭氧氧化+混凝工艺	75	对 COD 的去除效果也很明显，整体效果好	臭氧预氧化能减少混凝剂投加量，能耗低	工艺流程简单，处理效果好
双膜法（超滤+反渗透）	90	对 COD 的去除效果可以达到 95% 以上，出水水质好	能耗很大	工艺流程较为复杂，但出水水质好，应用较为广泛

　　基于上述印染废水处理及回用工艺的介绍和分析，目前所广泛采用的一些处理工艺是存在一些问题的。从印染工艺的角度上说，印染工艺可分为前期处理（包括烧毛、退浆、煮炼、漂白、丝光等工序）、染色（包括染色、皂洗、水洗工序）、印花和整理四部分工序。因此，印染废水也就是这四道工序产生废水的总称。印染废水具有水量大、有机污染物含量高、色度深、碱性大、水质变化大等特点。

　　传统的印染废水循环利用方案是将收集的印染废水进行统一的再生处理进而循环至不同的印染工序中，即印染废水循环利用的传统模式。该模式的优点是具有规模效应，一次性投资省等特点，但是该模式最大的问题就是在印染废水的循环利用过程中难以实现"分质使用"和优水优用、劣水低用。对于印染工艺及印染工业园区而言，四道主要印染工序的生产用水及印染工业园区杂用水对于回用水水质的要求不尽相同，进行统一水质的循环利用难免会造成过度处理和处理成本的升高。为了解决传统模式中产生的问题就需要建立分质回用模式，即针对不同印染工序用水水质及印染工业园区杂用水水质的差异，对收集来的印染废水进行分质处理及多级回用，从而在循环利用过程中实现了适度再生，避免了过度处理的现象，但是，关于印染工业园区内以印染废水循环利用为目的的分质处理模式构建尚未有系统的研究。

在印染工艺中为了能缩短加工周期、提高产品质量、改善产品性能，印染企业会在印染过程中添加染整助剂，主要包括表面活性剂、还原剂、树脂整理剂、金属络合剂和染色载体等，这样就会给印染废水中带来大量的无机盐离子，其中包括 Na^+、Cl^-、SO_4^{2-}、Fe^{3+} 等。而在印染工业园区废水循环利用过程中，其系统内的部分废水反复循环，将导致无机盐离子不断富集，因此可能产生再生水管网结垢、腐蚀、再生水健康风险和水质的安全保障问题不得不引起人们的重视。但是，现有的印染废水循环利用处理技术与工艺主要针对悬浮物、COD、色度等常规污染指标的控制，以这些常规指标的去除为目标的处理工艺不能解决印染废水在循环利用过程中由于无机离子富集所引起的管道结垢、腐蚀及水质安全等问题。针对现有工艺及技术对于无机盐离子富集控制的不足，对于印染工业园区废水循环利用过程中无机盐离子富集控制技术的研究和开发亟待加强。

传统的印染废水处理是以处理水达标排放为目的，当实施再生利用时，又将达到排放标准的处理水作为印染工业园区生产工艺用水或者杂用水的原水进行深度处理，从而形成了"废水处理+给水处理"的传统印染废水再生处理的生产模式，具有流程长、耗能高的突出弱点。传统的印染废水处理是以多级生物接触氧化为中心的二级处理，第一级以物理沉淀为技术核心，第二级以生物化学为技术核心，后续沉淀处理；需要达到更高水质目标时，则进一步追加以混凝为代表的物化技术单元、以臭氧氧化为代表的化学技术单元等。这种处理流程难免导致一个单元完成一种处理，相类似单元多次重复，处理工艺复杂冗长等问题。因此有必要根据印染工业园区的特点及现实情况，构建适合于印染工业园区废水循环利用的水处理技术体系，打破传统的排水处理与深度处理的流程界限，研发具有"短流程、高效、低耗"特点的废水循环利用生产技术，实现处理工艺的有机融合。

因此，以印染工业园区废水循环利用为目的的废水分质处理模式的构建、以无机盐离子富集控制为核心的印染废水循环利用过程中风险调控技术研究、以实现印染废水循环利用处理工艺有机融合为目的的"短流程、高效、低耗"印染废水循环利用处理技术的研发等是印染工业园区废水循环利用的主要技术需求。

2. 油气田工业废水处理及回用

就国内外目前成熟的油气田工业废水处理方法而言，大致可分为以下四类：

物理分离法、物–化法、生–化法、化学氧化法。

（1）物理分离法

1）气浮分离法。气浮分离法主要是针对废水中含有密度较小或者接近于水的密度的有机胶体颗粒去除的方法。通过外界鼓风机向废水曝气使本身悬浮或者密度小的颗粒浮于水面，借助外力去除。该方法适合于含有石油类不高的压裂废水，石油类过高可能导致无法絮凝，致使处理效果较差。气浮分离法使用效率较高的主要是轻质污泥（巩翠玉等，2011）。

2）膜分离法。膜分离之所以能够截留大分子物质和微粒，其机理是：膜表面孔径的机械筛分作用，膜孔阻塞、阻滞作用和膜表面及膜孔对杂质的吸附作用。一般认为主要作用是筛分作用。然而，膜分离法因膜对废水流速、操作压力、操作温度、运行周期、清洗情况、废水的预处理等要求甚高，导致膜的使用寿命大大缩短，实际上是阻碍了膜分离法在油田压裂废水的规模化应用（张兴春，2005）。

3）旋流法。旋流法是近年来在油田废水行业应用较多的技术，由于其设备化程度高，操作简单，处理水量大等特点，已成为目前效率较高的油田废水除砂除油技术（刘鹏，2009）。但是，其缺点也十分明显，设备粗糙，精细化程度不高，只能大范围较简单处理废水，而不能完全功能化处理废水，大大制约了其在废水处理行业的应用。

（2）物–化法

水平井压裂废水物–化法主要针对那些不能用单一方法处理的废水，如化学法、生–化法等无法去除的有机物质，尤其是含有大量浮油的压裂废水（蒲美玲和刘旭辉，2012；王钧科等，2011）。目前，油田常用的物–化法有絮凝法（其包含混凝法和絮凝浮选法）、微波法、吸附法等。

1）混凝法。混凝法是指向压裂废水中投加一定量的絮凝剂，使废水中的胶体颗粒脱稳，与废水中的有机物慢慢凝聚，并向废水中投加助凝剂，使絮凝体颗粒慢慢变大，逐渐利用重力作用沉淀下来的过程，最终实现固液分离，达到降低压裂废水中有机物、SS、石油类等污染物的目的（高丹等，2005）。

2）絮凝浮选法。絮凝浮选法处理压裂废水原理基本类似于气浮分离法。均是主要针对废水中含有密度较小或者接近于水密度的有机胶体颗粒去除的方法。通过废水化学反应生成气泡黏附在本身悬浮或者密度较小颗粒上，借助外力去除。该方法也适合于含有石油类不高的压裂废水，石油类过高可能导致无法絮凝，致使处理效果较差。该方法可去除90%以上的固体悬浮物和石油类（关卫省和赵方周，2002）。

3）吸附法。吸附法一般是指利用固体吸附剂与吸附质之间产生的分子间力或者化学键力，将吸附质吸附到吸附剂上的一种去除污染物的方法。其包括化学吸附和物理吸附两大类，化学吸附具有选择性，而物理吸附则是无选择性的。废水处理中吸附法一般是去除一些难以常规处理有机物质，如 ABS（acrylonitrile butadiene styrene，丙烯腈-丁二烯-苯乙烯）树脂和部分环状类化合物。在一般的有机废水处理中，吸附法只是最后的辅助工艺，可将废水中50%~70%的有机物去除（黎邦成，2004）。

4）微波法。微波法是近年来新兴的一种油田废水处理技术，主要是利用电能转化为微波量子能，与废水中一些化合物的特定化学键产生物理-化学共振，最终使含有该类化学键的化合物裂解，达到降解有机物的目的（张艳花等，2011；周霞萍和严六明，1998）。微波法在废水处理行业广泛应用的特点是：能耗低、反应速率极快、反应具有选择性，以至于其在某些特定的范围效率较高，操作简单不繁杂。然而，微波法具有高度选择性及设备小型化的特点，导致其不能广泛应用于油田压裂废水处理。

（3）生-化法

废水生-化处理技术可分为好氧生物处理法和厌氧生物处理方法两大类。好氧生物处理法是通过向废水中曝气，在游离氧存在的条件下，以氧气作电子受体，使污泥中的好氧菌大量繁殖，从而利用微生物的新陈代谢实现污染物的降解，主要包括生物膜法和活性污泥法两种。厌氧生化法主要是指废水处理过程中，尽可能的隔绝空气，使废水中的污泥以厌氧菌和兼性厌氧菌为主，降解有机物。但是由于油田废水高有机物、高毒性、高含盐量等的特殊性，目前还没有大规模的生-化法处理油田废水的实例。近些年，有学者以压裂废水为载体，应用土壤的生物降解作用处理有机物，并通过物理、化学等方法综合处理压裂废水取得了一定的成果。

（4）化学氧化法

由于压裂废液水质波动大，水中污染物质复杂，通过物化、物理和生物处理技术往往很难得到理想的处理效果。因此，化学处理技术在压裂废液处理中被广泛应用。

化学处理技术主要为化学氧化法，其常用的氧化剂有臭氧、漂白粉和过氧化氢等，不同氧化剂氧化还原电位如下：

$$F_2+2H^++2e^-\longrightarrow 2HF \qquad E^\theta(F_2/HF)=3.06V$$
$$O_3+2H^++2e^-\longrightarrow O_2+H_2O \qquad E^\theta(O_3/O_2)=2.07V$$
$$ClO_2+4H^++5e^-\longrightarrow Cl^-+2H_2O \qquad E^\theta(ClO_2/Cl^-)=1.95V$$
$$H_2O_2+2H^++2e^-\longrightarrow 2H_2O \qquad E^\theta(H_2O_2/H_2O)=1.77V$$

$$MnO_4 + 4H^+ + 4e^- \longrightarrow MnO_2 + 2H_2O \qquad E^\theta\ (MnO_4/MnO_2) = 1.68V$$

$$HClO + H^+ + 2e^- \longrightarrow Cl^- + H_2O \qquad E^\theta\ (HClO/Cl) = 1.49V$$

$$Cl_2 + 2e^- \longrightarrow 2Cl^- \qquad E^\theta\ (Cl_2/Cl^-) = 1.39V$$

由氧化还原电位分析可知，臭氧是一种极强的氧化剂和消毒剂，其氧化反应特点是反应快，在低浓度下也可进行反应，在水中不产生持久性残余，无二次污染问题；次氯酸钠氧化通常采用氧化镍作催化剂可提高氧化效率，但易造成镍的流失，同时引入了新的污染物氯离子；漂白粉是水处理中常见的氧化剂与次氯酸钠一样会引入氯离子；过氧化氢与 Fe^{2+} 反应生成氧化能力很强的羟基自由基（·OH）构成 Fenton 试剂，具有良好的水处理效果。

由 2.3.1 节的讨论不难看出，油气田开发产生的大量有机废水污染物质种类繁杂，水质波动较大，通过常规的化学氧化法很难在短时间内达到预期的处理效果，甚至根本不能达到处理要求。基于这种原因，近年来高级氧化技术在油气田污水处理中得到广泛的应用。

高级氧化技法（advanced oxidation process，AOP）是指在水处理过程中可产生 ·OH，使水体中的大分子难降解有机物氧化成低毒或无毒的小分子物质，甚至直接降解成为 CO_2 和 H_2O，接近完全矿化。其通常包括直接氧化和间接氧化两种，以产生的 ·OH 形成的间接反应为主（图 2.4）。

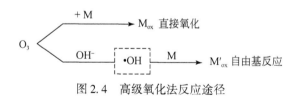

图 2.4　高级氧化法反应途径

（5）油气田废水处理存在的问题

对于交通较为方便的作业区，一般将各种作业污水统一回收，利用现有的污水处理站，通过一定量的废水集中处理。但是，油气田井场作业性质决定了其作业污水量小、分散和不连续性的特点。据调查，每口油井所产生的井场污水量约为 200 m^3，即使对于大型丛式井场，其废液量也不会超过 1000 m^3。而且，这些井场在作业完毕后将不会连续性地有废水产生。因此，油气田井场废水不易集中处理，只能就地进行处理和再生利用，其中设备化处理对于压裂废水来说是首选措施。

但是，国内在压裂废水的处理方面，尚未有关于设备化处理的报道，有些研究也仅仅限于初步的构思和前期可行性调研的基础上，因此需要开发基于臭氧氧化的高效、短流程、移动式处理装置。

参 考 文 献

白木 . 2004. 推广中水回用及措施 . 污染防治技术，1（3）：32-34.

操家顺，浩长江，方芳 . 2014. 印染废水回用的反渗透预处理技术 . 环境科学研究，27（7）：
    742-748.

陈焕章，韩庆生，龙完明 . 1991. 水的消毒技术及其对环境的影响 . 上海环境科学，1（7）：
    23-26.

董秉直，曹达文，范瑾初 . 2003. 强化混凝中不同分子质量有机物的变化特点 . 工业水处理，
    23（9）：41-43.

杜仰民 . 1992. 印染废水铁盐絮凝脱色的研究 . 建筑技术通讯：给水排水，10（5）：20-22.

范文军，宁站亮，刘勇诚 . 2011. 我国水资源现状探讨 . 北方环境，7（23）：68.

高丹，王英刚，夏永旭，等 . 2005. 钢铁工业酸性废水曝气中和法处理工艺条件研究 . 辽宁城
    乡科技，25（2）：38-40.

巩翠玉，杜娜，侯万国 . 2011. 微纳气泡法处理采油废水 . 环境化学，30（6）：1208-1211.

关卫省，赵方周 . 2002. 利用混凝法处理油田废水的研究 . 水处理技术，28（2）：115-117.

郭瑾，彭永臻 . 2007. 城市污水处理过程中微量有机物的去除转化研究进展 . 现代化工，
    27（增刊）：65-69.

郭丽，王纯莉，王宝臣 . 1993. 活化煤处理印染废水初探 . 环境工程，11（4）：7-8.

国家环境保护部 . 2012. 中国环境状况公报 .

黄旭 . 2009. 印染废水处理方法简析 . 黑龙江科技信息，1（13）：106.

冀静平，祝万鹏 . 1998. 膨润土的改性及对染料废水的处理研究 . 中国给水排水，14（4）：
    7-9.

雷乐成，杨岳平，汪大翚，等 . 2002. 污水回用新技术及工程设计 . 北京：化学工业出版社 .

黎邦成 . 2004. 四川气田水处理技术及其工程中的应用研究 . 重庆：西南交通大学硕士学位论文 .

李方文，邱喜阳，马淞江 . 2005. 海泡石改性及处理印染废水的研究 . 环境科学与技术，
    28（1）：77-78.

李圭白 . 2002. 城市水工程概论（第1版）. 北京：中国建筑工业出版社 .

李晓东，蔡国庆，马军 . 1999. 水中有机成分及其对饮用水水质的影响 . 给水排水，25（5）：
    12-14.

李雅婕，王平 . 2006. 生物技术在印染废水处理工艺中的应用 . 工业水处理，26（5）：14-17.

郦建强，王建生，颜勇 . 2011. 我国水资源安全现状与主要存在问题分析 . 中国水利，23：
    42-51.

刘海龙，王东升，王敏，等 . 2006. 臭氧对有机物混凝的影响 . 环境科学，27（3）：456-460.

刘鹏 . 2009. 油田钻井废水的物化处理研究 . 江西化工，4：135-140.

刘起峰 . 2007. 密云水库的预氧化及强化混凝研究 . 北京：中国地质大学博士学位论文 .

潘芳 . 2006. 城市污水再生利用现状及发展对策 . 污染防治技术，19（6）：31-33.

蒲美玲，刘旭辉 . 2012. 基于多孔烧结金属的油田污水悬浮物处理实验研究 . 石油与天然气化
    工，41（1）：102-103.

钱飞跃，孙贤波，刘勇弟. 2012. 臭氧氧化印染废水生化出水的生化降解特性. 环境化学，31（4）：511-515.

钦濂，孟建平，周欣. 2005. 预处理-水解酸化-AO 工艺处理印染废水. 环境工程，23（3）：32-34.

苏玉萍，奚旦立. 1999. 活性染料印染废水混凝脱色研究. 上海环境科学，18（2）：88-90.

王钧科，王平，王自多. 2011. 油田污水处理现状及发展趋势. 内蒙古石油化工，20：37-39.

王连军，黄中华. 1999. 膨润土的改性研究. 工业水处理，19（1）：9-11.

王敏慧，张忠民，曹莉，等. 2014. 臭氧对混凝剂形态及功能的影响. 环境污染与防治，36（7）：27-30.

王学华，黄勇，王浩. 2014. 印染废水水解酸化处理中填料式反应器与 UASB 反应器的比较. 环境工程学报，8（4）：1521-1525.

王志飞，胡海修. 2002. 饮用水中的天然有机物去除方法探讨. 净水技术，1（21）：10-12.

肖锦. 2002. 城市污水处理及回用技术. 北京：化学工业出版社.

邢奕，鲁安怀，洪晨，等. 2011. 膜生物反应器（MBR）-反渗透（RO）工艺深度处理印染废水的实验研究. 环境工程学报，5（11）：2583-2586.

许保玖，安鼎年. 1992. 给水处理理论与设计. 北京：中国建筑工业出版社.

张兴春. 2005. 采用膜分离技术处理丙烯腈装置含氰废水. 大庆：大庆石油学院硕士学位论文.

张光平，姜黎明. 2014. 富营养化水体处理技术. 现代冶金，42（6）：72-75.

张双圣，刘汉湖，张龙，等. 2011. 混凝沉淀-厌氧水解-A/O-混凝沉淀工艺处理印染废水. 环境工程学报，5（3）：528-532.

张艳花，苏箐，李德永，等. 2011. 微波技术在环境污染治理中的应用. 化工时刊，25（4）：39-44.

张宇峰，滕洁，张雪英，等. 2003. 印染废水处理技术的研究进展. 工业水处理，23（4）：23-27.

周彤. 2001. 污水回用是解决城市缺水的有效途径. 给水排水，27（11）：203-206.

周霞萍，严六明. 1998. 噻吩及衍生物的微波反应机理研究. 染料化学学报，26（6）：506-509.

Alex A Y, Kyung H L, Kuan C C, et al. 2004. Evaluation of biodegradability of NOM after ozonation. Water Research, 38（12）：2839-2846.

Barker D J, Stuckey D C. 1999. A review of soluble microbial products（SMP）in wastewater treatment systems. Water Research, 33（14）：3036-3082.

Bi X Y, Wang P, Jiang H. 2008. Catalytic activity of CuOn- La_2O_3/γ- Al_2O_3 for microwave assisted ClO_2 catalytic oxidation of phenol wastewater. Journal of Hazardous Materials, 154（1-3）：543-549.

Bose P, Reckhow D. 2007. The effect of ozonation on natural organic matter removal by alum coagulation. Water Research, 41（7）：1516-1524.

Chalor J, Gary A. 2007. Understanding soluble microbial products（SMP）as a component of effluent organic matter（EfOM）. Water Research, 41（12）：2787-2793.

Chiang P C, Chang E E, Chang P C, et al. 2009. Effects of pre-ozonation on the removal of THM precursors by coagulation. Science of the Total Environment, 407 (21): 5735-5742.

Farvardin M R, Collins A G. 1989. Preozonation as an aid in the coagulation of humic substances-optimum preozonation dose. Water Research, 23 (3): 307-316.

Frank Z, Santiago V. 2005. Combined anaerobic-aerobic treatment of azo dyes a short review of bioreactor studies. Water Research, 39 (8): 1425-1440.

Garnier C, Gorner T, Lartiges B S, et al. 2005. Characterization of activated sludge exopolymers from various origins: a combined size-exclusion chromatography and infrared microscopy study. Water Research, 39 (13): 3044-3054.

Gibbs R J. 1983. Effect of natural organic coating on the coagulation of particles. Environmental Science and Technology, 17: 237-240.

Jarusutthirak C, Amy G. 2006. Role of soluble microbial products (SMP) in membrane fouling and flux decline. Environmental Science and Technology, 40 (3): 969-974.

Jarusutthirak C, Amy G. 2007. Understanding soluble microbial products (SMP) as a component of effluent organic matter (EfOM). Water Research, 41 (12): 2787-2793.

Joslyn B L, Summers R S. 1992. Proceedings of the 1992 Annual Conferenee. Vancouver.

Joss A, Keller E, Aleder A. 2005. Removal of pharmaceuticals and fragrances in biological wastewater treatment. Water Research, 39 (14): 3139-3152.

Kimura K, Yamato N, Yamamura H, et al. 2005. Membrane fouling in pilot-scale membrane bioreactors (MBRs) treating municipal wastewater. Environmental Science and Technology, 39 (16): 6293-6299.

Krasner S W, Amy G. 1995. Jar-tests evaluation of enhanced coagulation. Journal American Water Works Association, 87 (10): 93-107.

Kuai L, Vreese I D, Vandevivere P, et al. 1998. GAC-Amended UASB reactor for the stable treatment of toxic textile wastewater. Environmental Technology, 19 (11): 1111-1117.

Laspidou C S, Rittmann B E. 2002. A unified theory for extracellular polymeric substances, soluble microbial products and active and inert biomass. Water Research, 36 (11): 2711-2720.

Lodha B, Chaudhari S. 2007. Optimization of Fenton-biological treatment scheme for the treatment of aqueous dye solution. Journal of Hazardous Materials, 148 (1-2): 459-466.

Novotný C, Rawal B, Bhatt M, et al. 2001. Capacity of Irpex lacteus and Pleurotus ostreatus for decolorization of chemically different dyes. Journal of Biotechnology, 89 (2-3): 113-122.

Oaks J L, Gillbert M, Virani M Z, et al. 2004. Diclofenac residues as the cause of vulture population decline in Pakistan. Nature, 427: 630-633.

O'nell C, Hawkes F R, Hawkes D L, et al. 2000. Anaerobic-aerobic biotreatment of simulated textile effluent containing varied ratios of starch and azo dye. Water Research, 34 (8): 2355-2361.

Papić S, Vujević D, Koprivanac N, et al. 2009. Decolourization and mineralization of commercial reactive dyes by using homogeneous and heterogeneous Fenton and UV/Fenton processes. Journal of Hazardous Materials, 164 (2-3): 1137-1145.

Pei Y S, Yu J W, Guo Z H, et al. 2007. Pilot study on pre-ozonation enhanced drinking water treatment process. Ozone: Science and Engineering, 29 (5): 317-323.

Raszka A, Chorvatova M, Wanner J. 2006. The role and significance of extracellular polymers in activated sludge Part I: literature review. Acta Hydrochim Hydrobiol, 34 (5): 411-424.

Rebhum M, Lurie M. 1993. Control of organic matter by coagulation and floc separation. Water Science and Technoloy, 27 (11): 1-2.

Reckhow D A, Legube B, Singer P C. 1986. The ozonation of organic halide precursors: effect of bicarbonate. Water Research, 20 (8): 987-998.

Sadrnourmohamadi M, Gorczyca B. 2015. Effects of ozone as a stand-alone and coagulation-aid treatment on the reduction of trihalomethanes precursors from high DOC and hardness water. Water Research, 73: 171-180.

Shon H K, Vigneswaran S, Snyder S A. 2006. Effluent organic matter (EfOM) in wastewater: constituents, effects, and treatment. Critical Reviews in Environmental Science and Technology, 36 (4): 327-374.

Stephenson R J, Duff S J B. 1996. Coagulation and precipitation of a michanical pulping effluent-I. removal of carbon, colour and turbidity. Water Research, 30 (4): 781-790.

Urkiaga A, Fuentes L D L, Bis B, et al. 2008. Development of analysis tools for social, economic and ecological effects of water reuse. Desalination, 218: 81-91.

Virjenhoek E M. 1998. Removing particles and THM precurors by enhanced coagulation. Journal of the American Water Works Association, 90 (4): 139-150.

Wang H L, Dong J, Jiang W F. 2010. Study on the treatment of 2-sec-butyl-4, 6-dinitrophenol (DNBP) wastewater by ClO_2 in the presence of aluminum oxide as catalyst. Journal of Hazardous Materials, 183 (1-3): 347-352.

Xu P. 2006. Effect of membrane fouling on transport of organic contaminants in NF/RO membrane applications. Journal of Membrane Science, 279 (1): 165-175.

Yan M Q, Wang D S, Shi B Y, et al. 2007. Effect of pre-ozonation on optimized coagulation of a typical North-China source water. Chemosphere, 69 (11): 1695-1702.

Yu H I, Kong H N. 1998. Countermeasures for eutrophication in closed water bodies using advanced domestic wastewater treatment systems. Journal American Water Works Association: 1-5.

Zhang Y P, Zhou J L. 2005. Removal of estrone and 17 beta-estradiol from water by adsorption. Water Research, 39 (16): 3991-4003.

|第3章| 水中有机物的种类及性质

3.1 溶解性有机物提取分级及分析方法

3.1.1 有机物分级表征

城市污水中 DOM（dissolved organic matter，溶解性有机物）是一类结构复杂且非均质的聚合有机混合物，包含腐殖质［腐殖酸（humic acid，HA）、富里酸（fulvic aid，FA）］和一些亲水性有机酸、核酸、氨基酸、碳水化合物、表面活性剂等，这些污染物分子结构复杂且大多具有碳基、共轭双键芳香烃或双键、羧基等共轭体系（吴静等，2011；傅平青等，2004）。由于城市污水中溶解性有机物的浓度相对较低，为了深入研究 DOM 的化学行为、结构特征，预先的富集与分离是必不可少的。目前，国内外常用的分离方法有以下几种：①膜分离技术，如超滤、微滤、纳滤、反渗透等；②物化方法，如化学沉淀、真空干燥、溶剂萃取；③固体吸附分离技术，如活性炭吸附、树脂吸附分离技术、DEAE（diethyl-aminoethyl cellulose membrane，二乙氨乙基）-纤维素吸附方法。以下详细介绍几种常用富集分离方法的原理及优缺点。

1. 膜分离技术

随着膜研究技术的进一步发展，近几十年逐渐发展起来了一种高效的水样浓缩技术——膜分离技术。它利用膜对混合物各组成部分选择性的渗透，来实现分离、提纯或者浓缩。该方法具有处理量大、操作过程相对简单、分离范围广泛并且无相变等优点，在科研领域和工业领域中得到了广泛的应用。根据膜孔径的大小，目前比较常用的膜分离技术有微滤、超滤、纳滤及反渗透等。其中，超滤和反渗透在 DOM 富集分离中的应用最为广泛，下面予以简单概述。

（1）超滤

超滤是一种过滤精度在 0.001～0.1 μm，介于纳滤和微滤之间的膜分离技术。超滤主要是靠物理筛分作用，依据选择超滤膜截留分子量大小的不同，通过膜表面的微孔结构对物质进行选择性分离，即在一定的压力下，当液体混合物流经膜表面时，小分子溶质可以透过超滤膜（称为超滤液），而大分子物质则被截留，从而实现大分子与小分子的分离、净化、浓缩。超滤可以把 DOM 分成分子质量或分子量分布不同的有机组分。其优点是操作压力小，溶液无相变，不会改变 DOM 的化学结构等。但超滤会损失 30%~40% 的小分子有机物质，从而导致 DOM 回收不完全，而且超滤不能按照有机物性质分离，仅仅是按照分子量大小进行分离，这对于有机物性质和结构的研究有一定的局限性。

超滤技术在 DOM 的研究中有着广泛的应用，主要有下列几个方面：①计算 DOM 的分子量，Pelekani 等（1999）的研究显示超滤与高效液相色谱在测定 DOM 的分子量上具有很高的吻合性，但是超滤仅适合测定分子量大于 10 kDa[①] 的有机物；②运用超滤技术可把水体中 DOM 分离成分子量分布不同的多种有机组分（Assemi et al.，2004；Shin et al.，1999），Assemi 和 Shin 的研究还显示超滤分级的各有机组分在聚合度、光谱特征和官能团种类及芳香度等方面都具有一定的差异；③超滤还可以用于 DOM 的扩散系数的测定（Lead et al.，2000）；④另外，超滤技术还被用于测定 DOM 不同组分与有机污染物（Wu and Tanoue，2001；Langford and Cook，1995）、金属（Burgess et al.，1996）、无机消毒剂（Chang et al.，2001）及放射性核素（Czerwinsk et al.，1994）等的测定。

（2）反渗透

反渗透是一种过滤精度为 0.0001 μm，利用压差的高精度膜分离技术，比超滤更为精细。主要用于 DOM 含量较低水样的浓缩。其回收率较高，达 90% 以上，并且分离过程不需要对水样进行 pH 调节，操作简单，效率高。但反渗透分离技术不能按照分子量大小或组分性质进行有机物的富集分离，而只能对 DOM 进行浓缩，得到多种组分的混合物。

2. 固体吸附分离技术

（1）树脂吸附分离技术

20 世纪 70 年代初期，国外开始出现了一种富集、分离和研究溶解性有机物化学特性的新方法——树脂吸附分级法（fractionation of DOM by resin adsorption，RA）（Malcolm and Maccarthy，1992；Leenheer et al.，1981；Thurman and Malcolm，1981），该方法是利用不同树脂对水体不同有机物的专有吸附性，原理是体积排阻特性，即在一定的酸性条件下，树脂和有机溶质分子之间的一种疏水和亲水的相互作用，结合特定的实验方法，将化学性质相同或相似的有机物进行分级、分

---

① 1 Da=1.67×10⁻²⁴ g。

类或分离。

在国内外树脂吸附分级法已有一定范围的应用，各个研究者使用的树脂大致可分为两大类：离子型交换树脂和非离子型吸附树脂。吸附树脂一般是根据制备大孔型离子交换树脂骨架的方法制备而得的，有些树脂都是未经功能基反应的，不含离子交换功能基的多孔树脂骨架，即为非离子型交换树脂，有些是由带极性基团的单体制成，也就是离子型交换树脂。吸附树脂是一类实用型的高分子吸附剂，不溶于一般的有机溶剂、酸、碱，且具有选择性吸附特性，稳定性高和品种系列化等优点，对有机物具有很强的吸附力。化学分级中使用的非离子型交换树脂以 XAD 系列大孔吸附树脂为代表。

XAD 系列大孔吸附树脂较常用于溶解性有机物的分级中，该分离技术是依据 DOM 的极性进行富集分离，也是国际腐殖酸协会大力推荐使用的标准方法之一。XAD 系列大孔吸附树脂是一种非离子型吸附树脂，其具有立体网状结构。最早用于水体中腐殖酸富集分离的树脂有 XAD-1、XAD-2、XAD-4、XAD-7、XAD-8，其中 XAD-1、XAD-2、XAD-4 大孔吸附树脂是苯乙烯–二乙烯基苯聚合物，而 XAD-7、XAD-8 大孔吸附树脂是聚甲基丙烯酸甲酯类。据 Aiken 等（1979）研究，丙烯酸型大孔吸附树脂 XAD-7、XAD-8 比 XAD-1、XAD-2、XAD-4 三种苯乙烯–二乙烯基苯大孔吸附树脂的平衡能力强，并且具有较高的吸附效率和洗脱率，而与 XAD-8 大孔吸附树脂相比 XAD-7 大孔吸附树脂存在树脂成分的渗出问题，在有机物的提取分离过程中会对分离组分造成一定的污染，因此 XAD-8 大孔吸附树脂是有机物富集分离的最佳选择。但是随着树脂吸附技术的不断发展，又逐渐出现了一种性能更加完善的大孔吸附树脂：DAX-8 大孔吸附树脂，其物理性质与 XAD-8 大孔吸附树脂相似，但其浸湿能力更强且含有较少量的细小杂质颗粒，并且 Peuravuori 等（2002）的研究显示 DAX-8 大孔吸附树脂能更加精确地分离疏水性和亲水性组分。总体而言，DAX-8 大孔吸附树脂的性能略微优于 XAD-8 大孔吸附树脂。

XAD 大孔吸附树脂分离技术对水体中 DOM 的研究主要涉及以下几个方面（吴丰昌，2010）：①DOM 分离组分的组成及化学结构特征的研究，主要运用红外光谱、元素分析、荧光光谱、高效体积排阻色谱、碳核磁共振谱（Carbon-13 nuclear magnetic resonance spectroscopy, ^{13}C-NMR）等现代分析技术对有机组分的元素组成、官能团种类、分子量分布及来源特征进行表征；②不同有机组分化学结构的研究；③有机组分与金属离子间作用的研究；④有机组分与消毒剂反应活性的比较研究。

利用 XAD 大孔吸附树脂分级有机物的优点主要是：能够得到几种极性不同但是结构性相对单一的有机组分，这样就既可以从整体上了解水体有机物的组成特性，又可深入研究各分级组分的性质，并且得到的有机分离组分灰分含量较小。此外，使用大孔吸附树脂分离方法分级不易受水体中离子强度和电解质的影响，因此其在水体有机物分级领域中使用较广泛。每一种事物都具有两面性，大孔吸附树脂分离技术也不可避免地具有一些缺点：对于有机物的亲疏水性没有严格的界限，分离过程比较烦琐，回收率比较低，并且大孔吸附树脂的清洗过程比较麻烦，整个分离过程中溶液处于强烈的酸碱环境，有机物的化学结构可能会发生一定的变化（吴丰昌，2010）。但总体而言，大孔吸附树脂分离技术优于其他有机物分离方法，近年来，随着大孔吸附树脂性能不断完善，大孔吸附树脂分离技术逐渐成为研究有机质化学结构与环境行为的重要手段。

（2）DEAE-纤维素吸附方法

DEAE-纤维素是一类含有季铵盐 $[—OC_2H_4N（C_2H_5）_2]$ 的弱碱性阴离子交换树脂（Miles et al.，1983）。因为大部分的 DOM 带有负电并且含有酚羟基、羧基等弱酸性官能，利用这一性质，使用具有阴离子特性的 DEAE-纤维素吸附剂可以实现对有机物的富集分离。该方法具有富集分离速率快、处理水量大，中性条件下水样不需除盐工艺处理（Leenheer et al.，2001），水样不需要酸化即能达到80%~100%的回收率（Peuravuori et al.，2005）。但是由于 DEAE-纤维素本身的离子交换能力较低、流动性较差，因此在分离过程中常出现解析不完全现象。

3. 膜分离方法与树脂分离联用技术

鉴于反渗透膜对溶解性有机物的高效浓缩性及大孔吸附树脂分离技术的精细性，二者的联用技术成为目前分离水体溶解性有机物的重要方法之一。反渗透膜与 XAD 大孔吸附树脂结合的技术是利用反渗透膜对水样进行浓缩，再经 XAD 大孔吸附树脂分离富集，利用大孔吸附树脂在不同条件下的选择吸附性，使用特定的洗脱剂进行洗脱，最后得极性不同的有机物分离组分。该分离方法尤其适合于溶解性有机物含量较低的水体，如地下水、湖泊、河流及部分废水中（Li et al.，2005；Artinger et al.，2000；Thurman and Malcolm，1981）。2006 年，国际腐殖酸协会曾利用该联用技术对南极大陆 Pony 湖中的 DOM 进行了富集分离，并获得了生物源的国际富里酸参考样品。

4. 城市污水中溶解性有机物分离方法的选择

（1）大孔吸附树脂的分级原理及清洗方法

根据有关大孔吸附树脂性质的分析比较，选择了性能参数比较优越的 DAX-8大孔吸附树脂进行城市污水中溶解性有机物的分级。

1）大孔吸附树脂的分级原理。大孔吸附树脂分级方法起源于色谱分离法，其依据迎头色谱分离原理（frontal chromatography），从树脂吸附柱上方不断加入水样（假定水样中只含有3种组分A、B、C），首先，几乎不吸附或吸附最弱的组分A在吸附柱上最先达到吸附饱和而流出；其次，吸附稍强的组分B逐渐在树脂上达到吸附饱和流出，此时流出的是混合物A+B；最后，流出的是吸附性最强的C，此时各组分都发生完全穿透，流出的是3种组分的混合溶液，计算各阶段流出溶液的浓度差便可得到各组分的含量（图3.1）（魏群山等，2006）。

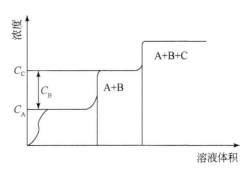

图3.1　迎头色谱分离原理

2）大孔吸附树脂的清洗过程。大孔吸附树脂的成分为有机高分子聚合物，在生产过程中不可避免地会引入大量有机物，因此，为达到更好的实验效果，使用大孔吸附树脂前必须要对其进行严格的清洗净化。

对于XAD-8大孔吸附树脂的净化各个研究者使用的方法（Bolto et al.，1998；Thurman and Malcolm，1981）大致相同，大体上分为3个步骤：首先用0.1 mol/L NaOH浸泡清洗；再用有机溶剂甲醇索氏提取清洗；大孔吸附树脂装入吸附柱之后过水样之前，用0.1 mol/L NaOH、纯水、0.1 mol/L HCl、纯水交替清洗。但是，具体细节上各有不同，目前没有统一的标准。大孔吸附树脂的吸附分离过程实质上是一个化学溶解吸附平衡过程，由于DAX-8大孔吸附树脂与XAD-8大孔吸附树脂在性质上具有很大的相似性，根据大量文献资料和实验结果本书采用与XAD-8大孔吸附树脂（魏群山等，2006）类似的清洗步骤，对DAX-8大孔吸附树脂进行清洗，具体过程如下：

第一，新大孔吸附树脂使用之前先用0.1 mol/L NaOH（优级纯）浸泡24 h，其中每隔一定时间换新碱液，更换次数不少于5次；

第二，使用甲醇索氏抽提24 h；

第三，将甲醇索氏提取后的大孔吸附树脂浸于甲醇中，临用前用纯水清洗，洗至无醇味；

第四，大孔吸附树脂采用湿法装柱（装柱过程中为防止气泡引入，装柱之前先向吸附柱中注入8~10 cm的纯水，液面要始终保持高于树脂面至少2 cm）。过水样前,以 8 倍床体积的 0.1 mol/L NaOH (优级纯) 淋洗过柱,流速不超过 25 床体积/h;接着用纯水洗柱,至流出水接近中性,然后用 8 倍床体积 0.1 mol/L HCl (优级纯) 洗柱,最后纯水淋洗至中性。

第五,收集最后的纯水洗出液测定其 TOC 值,使其值为 0.2～0.4 mg/L,如果 TOC 值过大,重复步骤第二～第四,直至达到要求。

(2) 城市污水中溶解性有机物的分级方法

由于所研究的城市污水中溶解性有机物的含量达不到实验研究的需求,首先要对研究水样进行富集浓缩。根据有关富集分离方法的概述,选择了近年来日臻完善的反渗透与大孔吸附树脂联用技术作为本实验的富集分离方法,目前该联用方法已被广泛应用于 DOM 含量相对较低的水体研究中。根据有关大孔吸附树脂性质的分析比较,选择了性能参数比较优越的 DAX-8 大孔吸附树脂。

实验所用水样取自西安市某污水处理厂,该水厂采用如图 3.2 所示的 A^2O 工艺 (anaerobic-anoxic-oxic,厌氧—缺氧—好氧的污水处理工艺),水厂进水以生活污水为主,含有少量的工业废水,进出水水质特征见表 3.1。由于城市原污水中含有较多的大块污染物、无机颗粒物和其他杂物,为了避免无机颗粒物引起的实验误差,曝气沉砂池出水作为系统进水研究对象,二级沉淀池(二沉池)出水作为出水研究对象。

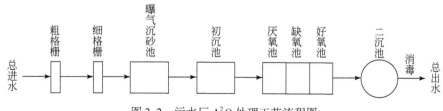

图 3.2　污水厂 A^2O 处理工艺流程图

表 3.1　实验水样水质特征　　　　　　　　　　(单位:mg/L)

指标	BOD_5	COD	TOC	TP	TN	$N\text{-}NH_4$	SS
进水	238.2	314.25	45.54	4.02	41.32	38.78	460.82
出水	8.43	26.34	4.53	0.33	11.30	1.22	10.31

注:表中 TP 指总磷;TN 指总氮。

1)富集过程。由于待浓缩水样中含有大颗粒的悬浮污染物,此类物质通过吸附、沉淀或其他作用会影响有关溶解性有机物特性的研究结果,为了减少该类物质对实验结果的影响,实验增加砂滤装置以去除这类污染物质,同时又增加了 0.45 μm 滤膜过滤装置,进一步去除水中的剩余颗粒态污染物,另外,污水中的二价、三价金属离子容易与水中的有机物络合、沉淀或是发生其他相互作用,为了避免这些离子在实验过程中与有机物发生作用，如络合、沉淀等进而影响测定数据的准确性，实验将过滤后的出水经过阳离子交换树脂，以去除水中的二价、三价金属离子，之后用反渗透膜系统进行溶解性有机物的循环浓缩，将最终获得的溶解性有机物的浓缩液置于 4℃ 冰箱进行保存。本实验取进水、出水各 1300 L，浓缩至 28 L。整个富集浓缩过程如图 3.3 所示。

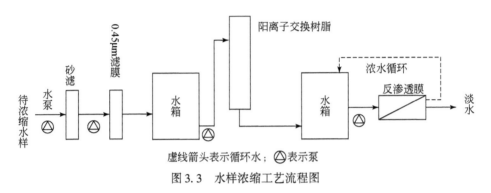

虚线箭头表示循环水；⬡ 表示泵

图 3.3　水样浓缩工艺流程图

2）分离过程。所有经过 0.45 μm 滤膜过滤的样品需要经过反渗透浓缩，反渗透装置采用上海摩速科学器材有限公司生产的反渗透系统，浓缩倍数为 20 倍，即 1 L 水样浓缩至 50 mL。为了研究污水处理厂二级出水的有机物组成，根据树脂吸附分离原理（Malcolm and Maccarthy，1992；Thurman and Malcolm，1981），利用 Supelite™ XAD-8 大孔吸附树脂，将浓缩后的水样按照亲疏水及酸碱性质分为疏水酸性物质（hydrophobic acids，HOA）、疏水碱性物质（hydrophabic bases，HOB）、疏水中性物质（hydrophobic neutrals，HON）和亲水性物质（hydrophabic fraction，HI）。XAD-8 大孔吸附树脂玻璃层析柱内径为 2 cm，长度为 30 cm，具体实验步骤如下：①将预处理后的水样通过 XAD-8 大孔吸附树脂；②用 0.1 mol/L 的 HCl 对 XAD-8 大孔吸附树脂玻璃层析柱进行洗脱，流出液为 HOB；③将第①步通过 XAD-8 大孔吸附树脂玻璃层析柱的流出液用浓 HCl 调至 pH=2 后，通过 XAD-8 大孔吸附树脂玻璃层析柱，流出液为 HI；④用 0.1 mol/L NaOH 对 XAD-8 大孔吸附树脂玻璃层析柱进行洗脱，流出液为 HOA；⑤用甲醇对 XAD-8 大孔吸附树脂玻璃层析柱中的树脂进行甲醇索氏提取，得到 HON。实验流程如图 3.4 所示（金鹏康等，2015）。

3.1.2　三维荧光分析

荧光分析法是光谱分析的一种，样品中的分子受到特定波长光谱的激发，随后在不同波长处检测发射光。荧光分析法作为一种分析监测手段，在溶解性有机

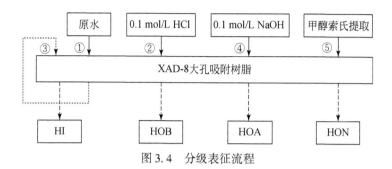

图 3.4 分级表征流程

物分析方面得到了广泛关注。荧光分析法与传统紫外可见分光光度法相比，该方法具有更高的灵敏度及选择性（Peiris et al.，2010；Bieroza et al.，2009）。一种特定的分子结构具有特定的激发波长和发射波长，称为荧光基团。荧光基团对于分析腐殖质类物质的组成和结构具有很大帮助（Zhang et al.，2008；Baker et al.，2008；Uyguner et al.，2007；Wu et al.，2007b；Datta et al.，1971）。荧光分析法也可以用于评价天然有机物的生物降解性，因为天然有机物的荧光特性与生化需氧量具有很好的相关性（Hudson et al.，2008）。

三维荧光激发–发射光谱（excitation-emission-matrix spectra，EEM）可以在一个激发和发射波长范围内（200～500 nm）得到其荧光基团。因此，三维荧光与二维荧光光谱相比信息量更大（Spencer et al.，2007）。典型的水体中会含有两类荧光峰，分别是类腐殖质类物质和类蛋白质类物质（Baghoth et al.，2009）；其还可能含有三类荧光峰，分别为类色氨酸类物质、类富里酸类物质及类腐殖酸类物质（Liu et al.，2007；Seredynska-Sobecka et al.，2007）。Marhaba（2000）开发了特征光谱荧光标记技术来模拟天然有机物性质。多元数据分析方法是通过得到不同水源或者不同处理工艺中的三维荧光数据从而分析水样特性的方法，包括主组分分析、平行因子分析等。

3.1.3 分子量分布分析

凝胶色谱是基于分子量大小的分级手段，有机物的分子量越大，保留时间越短。分子的结构和仪器之间的相互作用可能会影响结果（Lankes et al.，2009）。天然有机物的凝胶分级可以追溯到 20 世纪 60 年代（Gjessing，1965；Posner，1963），但是，这些凝胶有一些明显的缺点（Gjessing，1973），如分离性差等。因此，凝胶色谱柱与高效液相色谱技术结合，称为高效凝胶色谱技术（high perfomance size exclusion chromatography，HPSEC）（Fukano et al.，1978）。HPSEC在评价水处理不同工艺溶解性有机物分子量分布方面十分重要（Espinoza et al.，

2009；Zhao et al.，2009；Chow et al.，2009a，2009b；Fabris et al.，2008；Allpike et al.，2007；Matilainen et al.，2006）。

采用 HPSEC 研究溶解性有机物，选用合适的流动相尤为重要，因为流动相的离子强度及 pH 会很大程度上影响分离结果。凝胶的表面电荷、溶解性有机物的电荷、结构及有机物与凝胶的相互作用会受到流动相的影响（Specht and Frimmel，2000）。很多不同种类的流动相可以用于 HPSEC 分析中，如通过氯化钠或者乙酸钠调节离子强度的磷酸盐缓冲溶液。凝胶色谱柱可以填充不同的硅胶基质或者高分子聚合物（Korshin et al.，2009；Soh et al.，2008；Liu et al.，2008，2010；Her et al.，2008a；Wu et al.，2007a；Sarathy and Mohseni，2007；Świetlik and Sikorska，2004）。根据 Specht 和 Frimmel（2000）的研究，高分子聚合物基质和硅胶基质均与溶解性有机物有特定的反应。

可以在 HPSEC 系统中采用的检测器包括红外检测器（fourier transform infrared，FTIR）、在线 DOC 检测器、荧光检测器。但是用于 HPSEC 系统中分析最多的检测器是单波长或者多波长的紫外可见光检测器和二极管阵列检测器（Her et al.，2008a，2008b；Ates et al.，2007）。紫外可见光检测器简单实用，很多实验室均采用这种类型的检测器。该类检测器的局限性为被检测样品需对特性波长有较高响应。由于溶解性有机物中含有很多的发色官能团，其摩尔吸光系数不同，因此对于溶解性有机物的分析不可能涵盖所有的有机物种类（O'Loughlin and Chin，2001）。最大吸收波长的降低意味着吸光度的增加（Lankes et al.，2009）。另外，因为缺少共轭双键结构，分子量较小的有机物对紫外可见光的吸光度有限。由于荧光检测器在溶解性有机物分析方面的成功应用，与紫外可见光检测器相比，它的灵敏度更高，可以提供具有荧光特性的有机物信息。研究表明荧光检测器与凝胶色谱柱的方法联用除了可以对溶解性有机物分子量进行分析外，还可以对溶解性有机物的结构进行更为准确的分析（Wu et al.，2003）。

3.1.4　光电子能谱分析

X 射线光电子能谱（X-ray photoelectron spectroscopy，XPS）是研究表面组成及结合状态和表面电子结构的重要方法之一。光电子的结合能主要由元素的种类和激发轨道所决定，但由于原子外层电子的屏蔽效应，芯能级轨道上电子的结合能在不同的化学环境中是不一样的，有一些微小的差异。这种结合能上的微小差异就是元素的化学位移，它取决于元素在样品中所处的化学环境。一般来说，原子获得额外电子时，化学价为负，该元素的结合能降低。反之，当该原子失去电子时，化合价为正，XPS 的结合能增加。利用这种化学位移可以分析元素在该物质中的化学价态和存在形式。元素的化学价态分析是 XPS 分析的最重要的应用之一（文美兰，2006）。该方法也被用于溶解性有机物的分析中，不同结合能对应的有机物官能团见表 3.2。

表 3.2　不同结合能对应的有机物官能团

峰位置	官能团	结合能（eV）
1	芳香族 C—C/C—H	284.65±0.03
2	脂肪族 C—C/C—H	285.00±0.05
3	C—C（O）	285.55±0.01
4	C—O	286.54±0.09
5	C＝O	287.51±0.06
6	C（O）N	288.47±0.16
7	C（O）O	289.21±0.08
8	π—π*	290.90±0.04

注：下划线指结合能代表 C 的谱峰结合能，中心原子为 C。

3.2　天然水体有机物特征

3.2.1　天然有机物的一般理化特性

　　天然有机物是指动植物在自然循环过程中腐烂分解所产生的物质，通常称之为腐殖质，它在水体中的存在会影响水的色度、嗅味等水质感官性指标，同时在氯消毒过程中产生对人体有害的三卤甲烷类消毒副产物（Hubel and Edzwald，1987；Babcock and Singer，1979），具有复杂的化学结构，是水处理界重点关注的一类污染物。本节通过分子量分布、元素分析及有机官能团检测等手段，对以腐殖酸为代表的天然有机物的物化特征进行了深入考察。

　　腐殖质是一类酸性的、多分散的、偶然性聚合的大分子有机物。其来源于土壤、水生植物和低等浮游生物的分解，约占水中溶解性有机碳的 40%~60%，是地表水和某些地下水的主要成色物质（黄褐色或淡黄褐色）。

　　腐殖质按其在酸和碱中的溶解度可分为三种：

　　1）腐殖酸（又称胡敏酸，humic acid），溶于稀碱溶液，易在酸中沉淀析出。

　　2）富里酸（又称黄腐酸，fulvic acid），既可溶于酸又可溶于碱。

　　3）腐殖素（又称胡敏素，humin），既难溶于酸又难溶于碱。

　　腐殖酸分子量通常为 $10^3 \sim 10^5$，而富里酸的分子量通常在 10^3 以下，腐殖酸的

C、N 含量比富里酸高，O、S 含量比富里酸低，但两者的 H 含量无明显差别。由于 C 的含量不同，腐殖酸的 C/H 比值为 9~15，富里酸的 C/H 比值为 8~13，说明腐殖酸的芳香度高于富里酸。各种腐殖质通常具有以下性质（严健汉，1995）：

1）胶体性质。腐殖质的主要官能团是—COOH、—OH 等，所含的氢离子会发生电离，使其带负电性。

2）亲水性。腐殖质的亲水程度取决于芳核与侧链间的比例，即取决于缩合程度。

腐殖质由微小的球形颗粒组成，各微粒之间以链状形式联结，形成与葡萄串相似的团聚体。因为其具有疏松的"海绵状"结构，所以具有巨大的表面积（330~340 m^2/g）和表面能，其主要特征如下：

1）在氧化剂作用下可以被氧化分解。

2）主要由 C、H、O、N 和少量 S、P 等元素组成。

3）分子量为 $10^2~10^6$。

4）对金属离子的螯合能力很强。

腐殖质结构十分复杂，是以多元酚和醌作为芳香核心的多聚物。大量研究资料表明，腐殖质的主体是由—COOH、—OH 基团替代的芳香族结构，烷烃、脂肪酸、碳水化合物和含氮化合物结合于芳香结构块上。腐殖质在水溶液中常呈线性结构，较易形成分子聚集体，有很好的稳定性。表 3.3 列举了腐殖酸和富里酸的一般物化特性（Vernon and David，1980）。

表 3.3　腐殖酸和富里酸的物化特性

性质		腐殖酸	富里酸
元素组成及相对质量百分比（%）	C	50~60	40~50
	H	4~6	4~6
	O	30~35	44~50
	N	2~4	<3
	S	1~2	0~2
在 pH<1 时的溶解性		不溶	溶解
分子量分布		$10^3~10^5$	$<10^3$
主要官能团相对质量百分比（%）	羧基	14~45	58~65
	酚基	10~38	9~19
	羟基	13~15	11~16
	酮基	4~23	4~11
	甲氧基	1~5	1~2

3.2.2　天然有机物的提取

　　根据腐殖酸在不同 pH 条件下呈现不同的溶解特性，可以将腐殖酸从水中富集或从沉泥中提取。国内外提取腐殖酸的方法一般有两种：第一种方法是从水中通过 RAD-8 大孔吸附树脂富集（Thurman and Malcolm，1981；Weber and Wilson，1975）；第二种方法是用 NaOH 溶液溶解水体中的沉泥，再通过调节 pH 提取腐殖酸（Amy et al.，1987；彭安和王文华，1987）。本书所用腐殖酸是用第二种方法从西安兴庆湖底泥中提取的，工艺流程如图 3.5 所示。

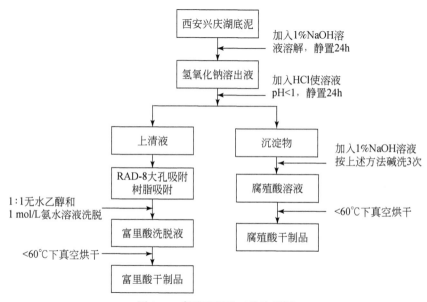

图 3.5　腐殖酸提取工艺流程图

3.2.3　天然有机物的构造特征

1. 元素构成

　　表 3.4 为提取腐殖酸的元素分析结果，从表中可以看出，提取腐殖酸的 C/N、C/H 比值分别为 14.58 和 11.26。有机成分主要由 C、H、O 元素组成，约占总元素的 92.752%，这 3 种元素基本构成了腐殖酸的主要官能团物质。将 C、H、O、N 的质量百分比换算为原子个数比为 C：H：O：N=1：1.1：0.38：0.06。

表 3.4 提取腐殖酸元素构成

元素组成		含量
有机元素组成	C	58.260%
	H	5.172%
	N	3.995%
	O	29.320%
	S	1.323%
金属	Fe	0.5 mg/g
	Cu	0.07 mg/g
	Mn	0.18 mg/g
	Cr	0.2 mg/g
	Cd	0.06 mg/g
	Pb	0.04 mg/g
	Ni	0.03 mg/g
	Zn	0.08 mg/g
灰分		1.43%

2. 化学构造

腐殖酸的正己烷、甲醇、二氯甲烷及甲醇萃取残留物 4 种样品的红外光谱分析结果如图 3.6 ~ 图 3.9 所示。

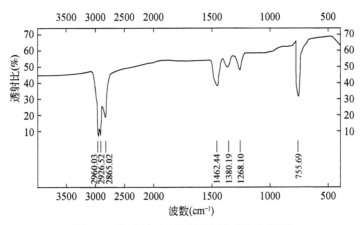

图 3.6 腐殖酸正己烷萃取相中的红外谱图

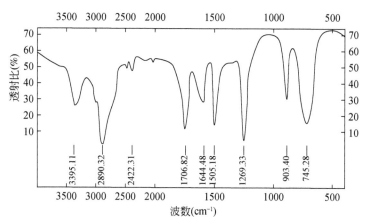

图 3.7　腐殖酸甲醇萃取相中的红外谱图

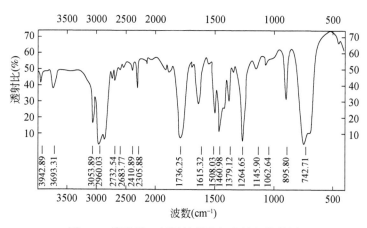

图 3.8　腐殖酸二氯甲烷萃取相中的红外谱图

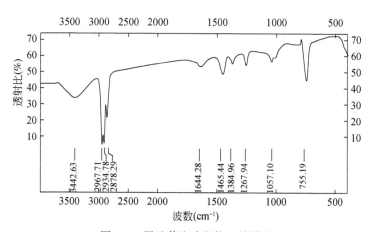

图 3.9　甲醇萃取残留物红外谱图

（1）红外分析

1）正己烷萃取相红外谱图分析。图 3.6 中位于 2900 cm^{-1} 附近的 3 个特征峰可推断为甲基（—CH$_3$）、亚甲基（—CH$_2$）的伸缩振动峰或羧基、羟基伸缩振动峰，但由于在 1700 cm^{-1} 左右没有发现羰基（—C≡O）的特征峰，因此可以排除羧基、羟基存在的可能性。在 1380 cm^{-1} 附近的特征峰可推断为亚甲基的剪式振动峰或甲基的不对称弯曲振动峰，而其左右侧 1460 cm^{-1} 和 1270 cm^{-1} 附近的两个峰应当是—CH$_3$ 面内弯曲振动峰，在 750 cm^{-1} 附近的峰则应当是大于 4 个碳元素的长链烃的面内摇摆振动峰。从上述结果可以断定图 3.6 的红外谱图主要是饱和长链烃。考虑到样品制备是用正己烷对浓缩腐殖酸溶液进行萃取的，图 3.6 的红外谱图所示的正是正己烷分子的构造特征（谢有畅和邵美成，1980）。这一结果表明，腐殖酸是一类极性物质，很难用非极性物质正己烷进行萃取分离。

2）甲醇萃取相红外谱图分析。与图 3.6 相比较，图 3.7 的谱图在 1700 cm^{-1} 附近出现了羰基（O≡C—）吸收峰，在 2900 cm^{-1} 附近出现了羧基伸缩振动宽峰，证明了羧基的存在。在 1270 cm^{-1} 附近出现的峰是酯类（C—O—CO—）的 C—O 伸缩振动峰，3400 cm^{-1} 附近出现的是氨基、羟基的高频伸缩振动峰，在 1600 cm^{-1} 和 1500 cm^{-1} 附近的是苯环骨架振动特征峰，750 cm^{-1} 附近的是单取代苯环的面外弯曲振动峰，900 cm^{-1} 附近的是苯环 CH 面外弯曲振动峰与不饱和烯烃等共轭基团。这一结果说明，用甲醇萃取的腐殖酸样品中含有苯环、羰基、酯类物质、羧基、羟基、氨基等官能团。羰基等不饱和共轭官能团是物质成色的主要基团之一（Owen et al.，1995），腐殖酸在经甲醇溶解后大约 90% 以上的色度物质被全部吸收，图 3.7 证明了这些发色官能团主要是羰基等不饱和基团。

3）二氯甲烷萃取相红外谱图分析。图 3.8 相对前两个谱图（图 3.6 和图 3.7）来说更为复杂。除了图 3.7 中已判明了的苯环、羧基、羟基、酯类等物质外，图 3.8 中又出现了 3700 cm^{-1}、3900 cm^{-1} 附近的高频振动峰，它们应当是氨基的伸缩振动峰，而 2300 cm^{-1} 附近的 NH 伸缩振动峰也证明了氨基的存在。3000 cm^{-1} 附近的弱峰说明腐殖酸中也存在不饱和烃（R—HC≡CH$_2$），2960 cm^{-1} 附近的宽峰及 1700 cm^{-1} 附近的羰基振动峰再次说明了腐殖酸中羧基、羟基广泛存在。而在 2730 cm^{-1} 附近的弱峰说明腐殖酸中也存在醛类物质（R—CHO），1460 cm^{-1} 附近的峰可能是邻接 C≡O 基的剪式振动峰（R—C≡O—CH$_3$）。腐殖酸作为自然代谢中动植物的分解产物，富含 C≡O 不饱和键，在环境演变过程中，这些 C≡O 不饱和键会逐渐转化为醛、酮、羧酸、酯类等物质（Kusakabe et al.，1990），这些官能团都出现在红外光谱中。值得注意的是，742 cm^{-1} 附近的峰是 C—C、C—Cl 等伸缩振动峰，但考虑到样品是用二氯甲烷萃取，应该说此峰主要是二氯甲烷吸收峰的表征。同图 3.6 和图 3.7 比较可知，腐殖酸容易被二氯甲烷、甲醇等极性物质萃取，是一类极性很强的物质。

4）甲醇萃取相残留物红外谱图分析。图 3.9 是固体腐殖酸经甲醇溶解后的残余物质烘干后的红外谱图。与图 3.6 ~ 图 3.8 相比，图 3.9 的谱图比较简单，在 3400 cm^{-1} 附近出现了羟基、氨基的伸缩振动峰，2900 cm^{-1} 附近出现了羧基的振动峰，1640 cm^{-1} 附近的峰则可能是少量羰基、苯环、氨基的 NH 键剪力振动峰或者是 C ＝N 双键（$R_2C ＝NR'$，C ＝N）的伸缩振动峰。1260 cm^{-1}、1057 cm^{-1} 附近的峰说明了样品中还存有少量的酯类物质及羟基。同图 3.7 比较，该样品中只有少量的羰基等共轭物质，对溶液的色度贡献很少，大量的色度物质基本上已被甲醇溶解。

（2）GC-MS 分析结果

天然腐殖酸样品通过非极性柱分离（乙酸乙酯萃取）、极性阳离子柱分离（甲醇萃取）后萃取液进行 GC-MS（gas chromatography-mass spectrometer，气相色谱-质谱）分析，得到谱图如图 3.10 和图 3.11 所示。将所得的质谱图与谱图库进行正对比、反相对比信息检索，得到质谱中检索到的物质，结果见表 3.5 和表 3.6。

虽然表 3.5 和表 3.6 中的物质仅为腐殖酸分子构造的一些碎片信息，但是能够从一定角度反映出腐殖酸的分子构造，从分析结果可以得出腐殖酸大分子主要组成部分包括芳香族类及其衍生物质，含氮杂环类物质、链烃类物质（包括酸、烷烃、醇、酯等）、多环烷烃类物质等，其中以苯环结构为主的芳香类有机物占主要成分，苯环上的主要官能团包括酮、酯、羧酸、醛、酚等，同时还存在一定量的多环烷烃、链烃、含氮杂环及空间构造杂环烷烃等类物质。

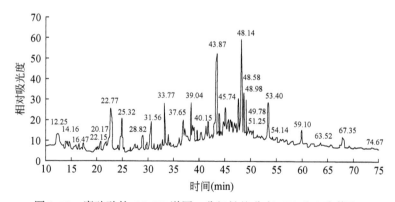

图 3.10　腐殖酸的 GC-MS 谱图，非极性柱分离（乙酸乙酯萃取）

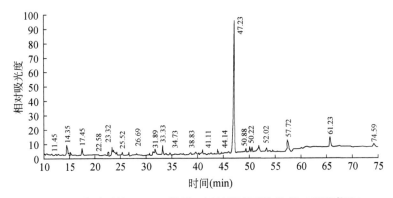

图 3.11　腐殖酸的 GC-MS 谱图，极性阳离子柱分离（甲醇萃取）

表 3.5　GC-MS 分离结果（非极性柱分离、乙酸乙酯萃取）

序号	名称	化学式	类别
1	benzene, 1, 3-bis (1-methylethyl) —（1, 3-二异丙基苯）	$C_{12}H_{18}$	芳香类
2	2, 5-cycbhexadiene-1, 4-dione, 2, 6-bis (1, 1-dimethylethyl) —（2, 6-二叔丁基-1, 4-苯醌）	$C_{14}H_{12}O_2$	芳香类
3	heptadecane（十七烷）	$C_{11}H_{24}$	链烃类
4	phenol, *p-tert*-butyl—（对叔丁基苯酚）	$C_{10}H_{15}O$	芳香类
5	tetradecanoic acid（豆蔻酸）	$C_{14}H_{28}O_2$	链烃类
6	ephedrine（麻黄碱）	$C_{10}H_{15}NO$	芳香类
7	phentermine（苯丁胺）	$C_{10}H_{15}N$	芳香类
8	phenol, 2, 4-bis (1, 1-dimethylethyl) —（苯酚）	$C_{14}H_{22}O$	芳香类
9	9-octadecenoic, acid (Z) -, methyl ester（9-硬脂酸–甲基酯）	$C_9H_{36}O_2$	链烃类
10	cholesterol（胆固醇）	$C_{27}H_{43}O$	多环环烷烃类
11	naphthalene, 1-methyl—（1-甲基萘）	$C_{11}H_{10}$	芳香类
12	1, 3, 5-triazine-2, 4, 6-triamine（三聚氰胺）	$C_3H_6N_6$	含氮杂环
13	17α-methyltestosterone（睾酮）	$C_{20}H_{27}O_2$	多环环烷烃类
14	metacetamol（间醋氨酚）	$C_8H_9NO_2$	芳香类
15	atropine（阿托品）	$C_{17}H_{23}NO_3$	含氮杂环
16	sorbic acid（山梨酸）	$C_6H_7O_2$	链烃类
17	histamine dihydrochloride（组胺二盐酸盐）	$C_5H_{11}N_3$	含氮杂环
18	biotin（生物素）	$C_{10}H_{15}N_2O_3S$	含氮杂环类

表3.6　GC-MS分离结果（极性阳离子柱分离、甲醇萃取）

序号	名称	化学式	类别
1	diethyl phthalate（邻苯二甲酸二甲酯）	$C_{12}H_{14}O_4$	芳香类
2	oleyl alcohol（油醇）	$C_{14}H_{24}O$	链烃类
3	tetradecanoic acid（十四碳酸）	$C_{14}H_{28}O_2$	链烃类
4	heptadecane（十七烷）	$C_{11}H_{24}$	链烃类
5	2-cyclohexene-1-ol，4-methyl-（1-methylethyl）—（4-萜烯醇）	$C_{10}H_{18}O$	多环环烷烃类
6	2-propanoic acid，2-methyl—（2-甲基-2-丙烯酸）	$C_4H_6O_2$	链烃类
7	amyl nitrite（亚硝酸戊酯）	$C_5H_6NO_2$	链烃类
8	xylose（木糖）	$C_5H_{10}O_5$	链烃类
9	acetamide（乙酰胺）	C_2H_5NO	链烃类
10	hymecromone（羟甲香豆素）	$C_{10}H_8O_3$	芳香类
11	cyclohexanone（环己酮）	$C_6H_{10}O$	多环环烷烃类
12	2-nonanone（壬酮）	$C_9H_{22}O$	链烃类

（3）腐殖酸分子构造推测

通过红外光谱分析及 GC-MS 分析结果，可以得出腐殖酸分子中的主要基团为苯环、甲基、酯、羧基、羟基、氨基、甲氧基等，同时还有一些长链烃物质存在。对 GC-MS 的检测结果进行统计分析，表3.5 和表3.6 中物质 C：H：O：N 为 1：1.31：0.32：0.05，同元素分析结果（C：H：O：N 为 1：1.1：0.38：0.06）比较相近。另外，对表3.5 和表3.6 的物质结构进行分析归类，腐殖酸分子构造主要有以下 5 类。

1）以苯环为核心，苯环上有氨基、羧基、羟基、羰基等官能团，苯环中的一个碳原子上有长链烃结构：

bis(2-ethylhexy1)phthalate
（酞酸双脂）

epinephrine
（肾上腺素）

2）几个苯环相互连接或者是苯环与环状烃相连，苯环上有多种官能团：

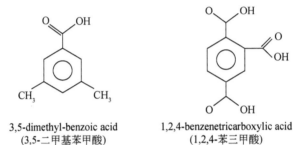

hymecromone
（羟甲香豆素）

thiourea
（硫脲）

3）以苯环为核心，苯环上有多种官能团，同 1）所不同的是苯环上不具有链烃构造：

3,5-dimethyl-benzoic acid
（3,5-二甲基苯甲酸）

1,2,4-benzenetricarboxylic acid
（1,2,4-苯三甲酸）

4）两个或多个苯环中间以链烃相连，链烃中可能含有不饱和双键，苯环上也会存在不同的官能团：

$$HO \longrightarrow \bigcirc \longrightarrow CH_2 \longrightarrow CH = CH \longrightarrow (CH_2)_n \longrightarrow \bigcirc \longrightarrow OH$$

diethylstilbestrol
（乙烯雌粉）

β-carotene
（β-胡萝卜素）

5）链烃构造，中间链上有不同的含氧官能团和不饱和键，但没有苯环：

$$CH_3 \longrightarrow CH = CH \longrightarrow COO \longrightarrow (CH_2)_n \longrightarrow CH_3$$

9-octadecenoic acid(Z)-methyl ester
（顺—十八烯酸甲酯）

$$CH_3 \longrightarrow (CH_2)_n \longrightarrow CH_3$$

pentadecane
（十五烷）

由分子量分析可知，腐殖酸是一类大分子有机物，GC-MS 的分析结果只代表了那部分容易气化的小分子物质，有些大分子有机物在气相色谱的高温条件下也可能发生断链现象，形成腐殖酸的一些碎片物质。以上的 5 类有机物既可能是腐殖酸小分子物质的构造形式，也可能是大分子断链形成的碎片物质，其中的第一类物质和第四类物质在适宜条件下也极有可能在苯环与长链烃处断链，其碎片物质就是第三类物质和第五类物质。另外，结合红外光谱，对腐殖酸分子中的 N元素在腐殖酸分子中的结合方式进行了分析。红外谱图显示腐殖酸大分子中的氮元素主要是组成了氨基和碳氮三键，同时也在杂环中检测到了碳元素。

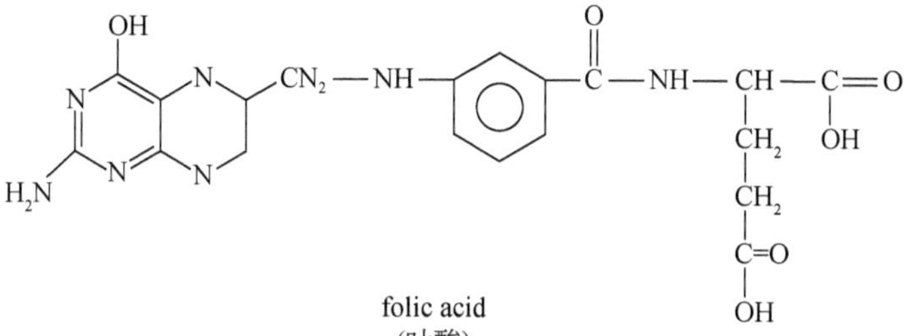

folic acid
(叶酸)

腐殖酸的详细分子构造一直都不十分清楚，从 20 世纪 60 年代至 80 年代，不同学者提出了腐殖酸的不同结构模型，一般认为腐殖酸是具有大量含氧基团的复杂芳香核高分子聚合物（Goel et al., 1995）。1972 年，Schnitzer 和 Khan（1972）提出的富里酸模型中（图 3.12），认为富里酸以苯环构造为主，苯环上

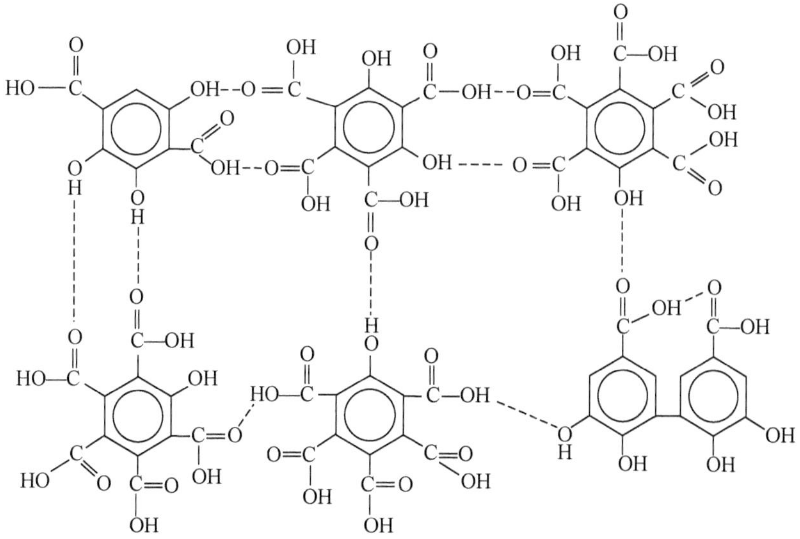

图 3.12　Schnitzer 和 Khan 提出的富里酸网状构造模型

的官能团主要是羧基和羟基，在该模型中没有考虑到含氮、硫基团的存在。苯环之间通过链烃连接，很少出现多个苯环相互连接的现象，分子构造呈网状结构（图 3.12）。

1977 年，Buffle（1977）认为富里酸呈链状构造，提出了如图 3.13 所示构造模式，该模型同样没有考虑到 C、H、O 以外的元素，但是模型中出现了联苯及长链烃构造。

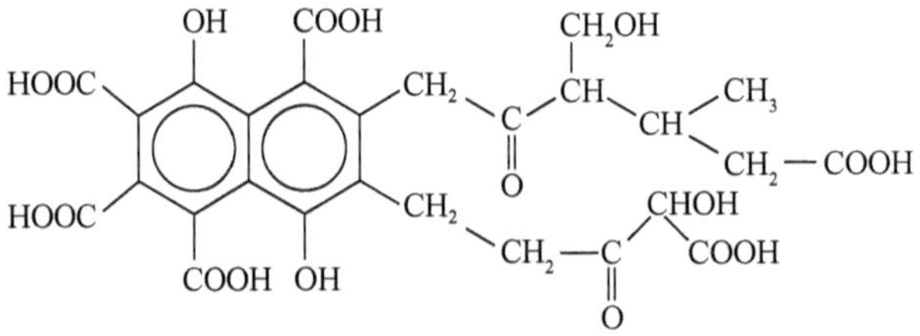

图 3.13 Buffle 提出的链状富里酸构造模型

1982 年，Stevenson（1982）认为腐殖酸中除了元素 C、H、O 外，应该有 N 元素存在，提出了如图 3.14 所示的构造模式。该模型中苯环与苯环之间的连接形式通过氧原子连接或者多苯连接，呈长链形的开放构造。分子构造中也增加了氨基、羰基及环状烃等官能团。

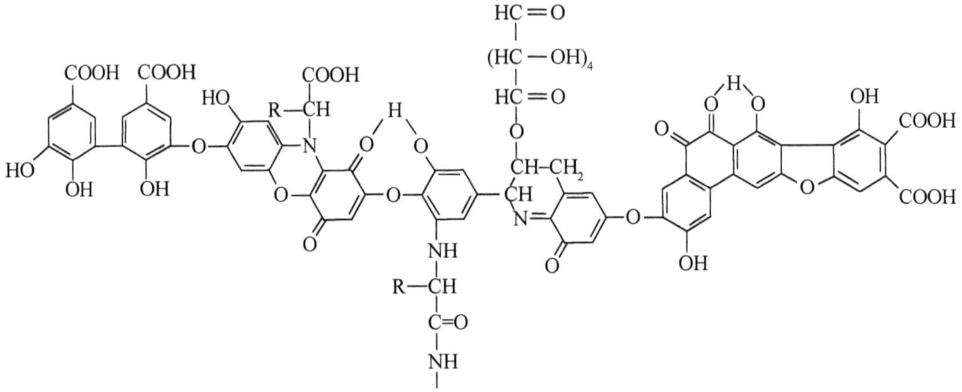

图 3.14 Stevenson 提出的链状腐殖酸构造模型

20 世纪 90 年代以后，分析仪器有了很大的进展。对腐殖酸结构模型的提出主要建立在仪器分析基础上，目前多采用的方法是通过分析热裂解（Sachleben et al., 2002）、热裂解-GC-MS（Gadel and Bruchet，1987）、热裂解-FI-MS（fieldionization-mass spectrometry，场致离子化质谱分析法）（Schulten and Hempfling，1992）、^{13}C-NMR（Chefetz et al., 2002；Guthrie et al., 1999；Nanny et al., 1997）、氧化还原

降解（Chefetz et al.，1996；Liao et al.，1982）等分析技术检测腐殖酸的官能团，通过胶体化学和电子显微镜观察腐殖酸大分子骨架（Gosh and Schnitzer，1980），将 C、H、O、N 等元素填入观察骨架中，建立腐殖酸的分子构造模型。1993 年，Schulten 等基于大量的质谱数据和其他化学分析手段（热裂解、傅里叶红外光谱分析、氧化还原等）建立了腐殖酸大分子的构造模型（Stevenson et al.，1993），如图 3.15 所示。从该模型中可以看出，腐殖酸中的氧主要以羧基、酚羟基、醇羟基、酯基和醚的形式存在，氮则存在于杂环结构和氰中。

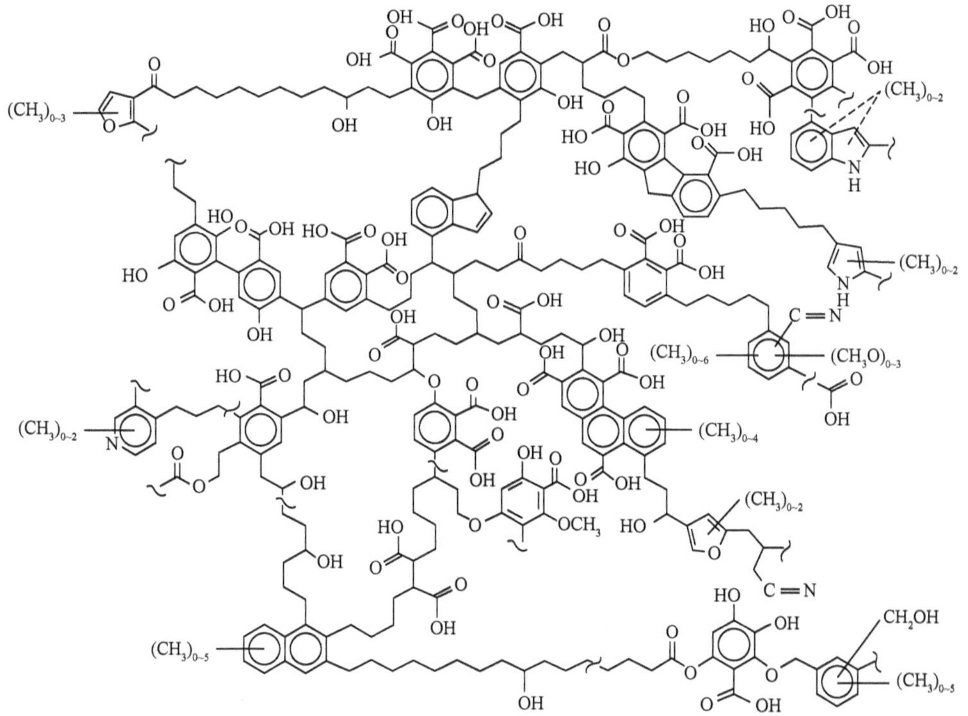

图 3.15　Schulten 等提出的腐殖酸构造模型

21 世纪初，对腐殖酸的结构分析已不局限于构造模型的提出，而是对各元素间的结合方式进行研究。Hatcher 等（2001）通过强磁场^{13}C-NMR 技术（Klapper et al.，2002）、荧光光谱技术、四极杆飞行时间质谱（electrospray ionization-quadrupole time of flight-mass spectrometry，EI-QTOF MS）（Hatcher et al.，2001）、傅里叶红外光谱（Kujawinski et al.，2002）等先进仪器对腐殖酸大分子中的 N、S 元素与 C 元素的连接方式进行了大量的研究工作。

同 Schnitzer、Buffle、Stevenson 等提出的模型比较，通过元素分析仪器分析了腐殖酸分子中含有 C、H、O、N、S 等元素并计算了各元素组成的比例，通过傅里叶红外光谱分析了腐殖酸中含有苯环、甲基、酯、羧基、羟基、氨基、甲氧基等基团，通过 GC-MS 分析腐殖酸大分子中常见的物质片断有以苯环为核心的多官能团物质、长链烃、苯环的一个氢原子被链烃替代构造、联苯物质及两苯环通过链烃连接，研究结果同时表明 N 元素在腐殖酸分子构造中主要以氨基、碳氮三键及杂环构造形式出现。这些关于腐殖酸构造中的一些细节性描述不可能通过 Schnitzer、Buffle、Stevenson 等提出的模型来寻求答案，1993 年 Schulten 等提出的图 3.15 模型是建立在大量的实验基础上，从图 3.15 可以看出，本书的分析结果与其具有一致性，不同的是腐殖酸的骨架由于实验条件没有得到。

通过上述分析，可以推测腐殖酸大分子构造中以苯环为主，在苯环上有各种官能团存在，这些苯环之间通过链烃或与多个苯环联结（联苯）一起构成了大分子有机物的骨架。

3.3　污水处理厂二级出水水质特征

3.3.1　污水处理厂二级出水理化指标

污水处理厂二级出水溶解性有机物 DOC 值较高，为 17 mg/L 左右，在进行污水深度处理时需重点去除其有机物，色度也偏高，为 2.86 c.u. 左右，色度偏高很可能是高有机物含量所引起的。在进行大孔吸附树脂分级前，经过浓缩后污水处理厂二级出水水质和原水水质见表 3.7。

表 3.7　浓缩前后污水处理厂二级出水水质

水质指标	污水处理厂二级出水原水水质	浓缩后污水处理厂二级出水水质
DOC（mg/L）	17.08±1.81	139.99±1.81
色度（c.u.）	2.86±0.03	—
UV_{254}（cm^{-1}）	0.135±0.005	1.697±0.004
UV_{280}（cm^{-1}）	0.111±0.003	1.411±0.003
SUVA（$L \cdot mg^{-1} \cdot m^{-1}$）	0.790±0.047	1.212±0.054

注：SUVA 指 specific ultra-violet absorbance，即 UV_{254} 与 DOC 的比值。

3.3.2　污水处理厂二级出水溶解性有机物荧光特性

EEM 图谱可以反映污水处理厂二级出水中溶解性有机物的化学特性，EEM 图谱中峰的位置、位移、强度均可以和有机物的结构信息联系起来，这些信息可以揭示污水处理厂二级出水溶解性有机物的官能团（给电子、得电子官能团）、有机物聚合程度、芳香化程度、分子间的相互作用等信息（Chen et al.，2003）。图 3.16 为污水处理厂二级出水的 EEM 图谱。图谱中存在两个明显的荧光峰，即 Ex/Em（Ex 指激发波长；E$_m$ 指发射波长）220～250 nm/320～370 nm 和 Ex/Em 300～380 nm/400～450 nm。荧光峰 Ex/Em 300～380 nm/400～450 nm 表示腐殖质类有机物。荧光峰 Ex/Em 220～250 nm/320～370 nm 表示类色氨酸组分，这类物质总体上而言可以代表类蛋白质类有机物。Świetlik 和 Sikorska（2004）及 Zhang 等（2008）以湖水为原水进行三维荧光分析，结果表明其主要成分为腐殖质类有机物，这与图 3.16 的结果不符。这是因为湖水中大部分有机物为天然有机物，与天然有机物不同，污水处理厂二级出水中含有大量溶解性微生物代谢产物，这些代谢产物主要来自微生物体内分泌出的代谢物及细胞的破裂（Kunacheva and Stuckey，2014；Baker and Stuckey，1999），这类物质通常具有类蛋白质类有机物的特性。因此污水处理厂二级出水中不但含有腐殖质类有机物，而且含有大量类蛋白质类有机物。

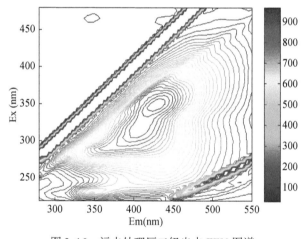

图 3.16　污水处理厂二级出水 EEM 图谱

3.3.3　污水处理厂二级出水溶解性有机物分子量分布

在进行污水处理厂二级出水分子量分布分析时，采用荧光检测器，根据图 3.16 所示 EEM 图谱，选择检测激发波长和发射波长分别为 Ex/Em 355 nm/430 nm 及 Ex/Em 230 nm/340 nm 来表示腐殖质类物质及类蛋白质类物质。由图 3.17 可以看出，腐殖质类物质的分子量分布较为集中，主要分布在分子量为 500～1000 Da。对于类蛋白质类物质而言，其分子量分布较为广泛，在 0.01～100 kDa 均有分布。

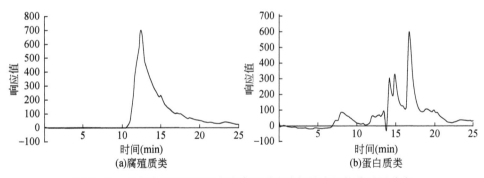

图 3.17　污水处理厂二级出水中腐殖质类溶解性有机物分子量分布

3.3.4　污水处理厂二级出水溶解性有机物官能团组成

为了进一步明确臭氧对污水处理厂二级出水溶解性有机物官能团性状的改变，利用 XPS 得到了污水处理厂二级出水中溶解性有机物 C1s 高分辨谱图。随后，采用 XPSpeak 软件对原始 C1s 图谱进行高斯分峰拟合，结果如图 3.18 所示。由拟合结果中不同高斯峰的结合能可以看出，XPS 图谱中显示了污水处理厂二级出水溶解性有机物中主要的 4 种官能团，分别为苯环碳、脂肪碳、羰基碳、羧基碳（Monteil-Rivera et al., 2000；Lin et al., 2014）。根据高斯峰所占的比例，可以得到 4 种官能团的相对含量，结果如图 3.19 所示。污水处理厂二级出水原水中含有大量苯环碳结构有机物，这也是污水处理厂二级出水 UV$_{254}$ 及 SUVA 值较大的主要原因。

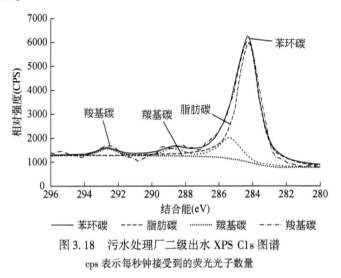

图 3.18　污水处理厂二级出水 XPS C1s 图谱

cps 表示每秒钟接受到的荧光光子数量

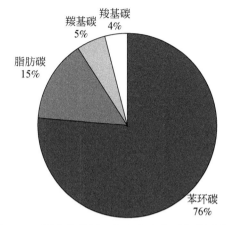

图 3. 19 污水处理厂二级出水中主要官能团分布

3.4 污水处理厂二级出水溶解性有机物分级 表征特性

采用 XAD-8 大孔吸附树脂进行污水处理厂二级出水的分级表征, 分级后可得到 4 种组分, 即 HOA、HOB、HON、HI, 分级得出的 4 种组分可以进行进一步的分析。

3.4.1 污水处理厂二级出水溶解性有机物分级表征

图 3. 20 (a) 为污水处理厂二级出水经过 XAD-8 大孔吸附树脂分级后 4 种组分的 DOC 分布, 其中, HOA 和 HON 是污水处理厂二级出水中含量最多的 2 种组分, 分别占 41% 和 30%。HOB 含量最少, 只占 9%, HI 则占总 DOC 含量的 20%。这个比例与 Yan 等 (2007) 的不一致, Yan 等 (2007) 研究了中国北部某微污染地表水的分级表征特性, 根据其研究结果, HOA 占了总 DOC 的绝大部分比例, 而 HON 的含量最少。Zhang 等 (2008) 发现湖水经过砂滤后, HOA 和 HON 为主要成分, 这与图 3. 20 (a) 的结果一致。但是根据 Marhaba 等 (2000) 和 Korshin 等 (1997) 的研究结果, 地表水中的天然有机物以亲水性物质为主。Gong 等 (2008) 的研究表明, HOA 和 HI 在污水处理厂二级出水中含量相对较少。Zheng 和 Khan (2014) 对污水处理厂二级出水也进行了分级表征, 其结果表明 HOA 和 HI 占污水处理厂二级出水溶解性有机物的主要成分。综上可知, 对于天然有机物及污水处理厂二级出水溶解性有机物的分级表征而言, 不同的研究得到的研

究结果差异较大。这表明溶解性有机物组分分布与水样的来源有很大关系。

UV_{254}可以表示污水处理厂二级出水溶解性有机物中苯环及其他不饱和键的相对含量，图 3.20（b）为污水处理厂二级出水中不同组分溶解性有机物 UV_{254} 的含量。由图 3.20（b）可以看出，HOA 的 UV_{254} 值最高，占总含量的 50% 左右，这与 Gong 等（2008）的研究结果一致。同时，与 HOB 和 HI 相比，HON 的 UV_{254} 值也较高，占总含量的 27% 左右，其次为 HI，占总含量的 15% 左右，最少的 HOB 只占总含量的不到 10%。

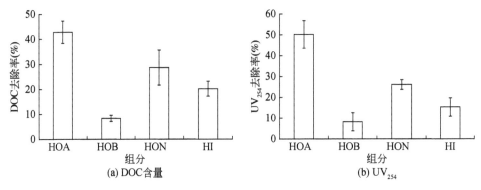

图 3.20　污水处理厂二级出水中不同组分溶解性有机物含量

3.4.2　污水处理厂二级出水不同组分的荧光特性

图 3.21 为污水处理厂二级出水不同组分溶解性有机物的三维荧光图谱，由图 3.21 可以看出，污水处理厂二级出水中不同组分的 EEM 图谱存在 3 种荧光峰，即 Ex/Em 220~250 nm/320~370 nm、Ex/Em 260~300 nm/320~370 nm 和 Ex/Em 300~380 nm/400~450 nm。荧光峰 Ex/Em 300~380 nm/400~450 nm 代表腐殖质类物质，荧光峰 Ex/Em 220~250 nm/320~370 nm 和 Ex/Em 260~300 nm/320~370 nm 分别表示酪氨酸和色氨酸类物质，这两类荧光峰可以代表类蛋白质类物质。由图 3.21 可以看出，HOA 和 HON 中的腐殖质类物质较多，而 HOB 和 HI 以类蛋白质类物质为主。这个研究结果与 Leenheer（1981）、Marhaba 等（2000）和 Barber 等（2001）的研究结果一致。然而，Świetlik 和 Sikorska（2004）及 Zhang 等（2008），研究了湖水的分级表征特性，结果表明 HOA、HON 和 HI 只存在 2 种明显的荧光峰，分别表示腐殖酸和富里酸物质。造成研究结果存在差异的原因是原水性质不同，污水处理厂出水中含有大量溶解性微生物代谢产物，其具有类蛋白质类物质的特性，因此 HOA、HON 及 HI 中存在类蛋白质类物质，而天然水体中只含有腐殖质类物质。

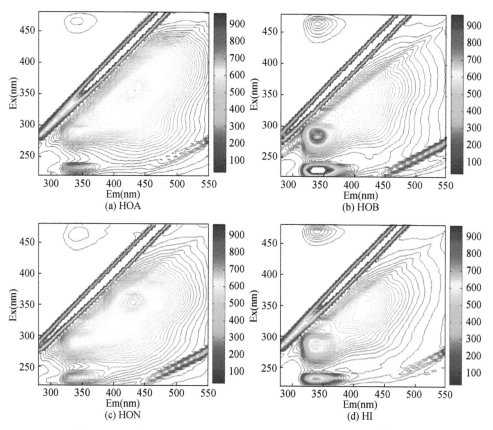

图 3.21 污水处理厂二级出水不同组分溶解性有机物三维荧光图谱

3.4.3 污水处理厂二级出水不同组分分子量分布特性

根据图 3.21 的 EEM 图谱,选择两组特征激发、发射波长作为分子量分布分析的检测波长,选取的两组特征激发、发射波长为 Ex/Em 355 nm/430 nm 和 Ex/Em 230 nm/340 nm,分别代表腐殖质类物质和类蛋白质类物质。采用凝胶液相色谱与荧光检测联用的方式进行分子量分析的结果如图 3.22 所示。图 3.22 (a) 为污水处理厂二级出水中 4 种组分中腐殖质类物质的分子量分布,可以看出疏水性组分中的腐殖质类荧光物质分子量主要集中在 500 ~ 1000 Da,这个结果与 Audenaert 等 (2013) 的研究结果一致,Audenaert 等研究了污水处理厂二级出水的分子量分布,其研究认为污水处理厂二级出水溶解性有机物分子量主要集中在 100 ~ 3000 Da。Gong 等 (2008) 指出大部分污水处理厂二级出水溶解性有机物的分子量小于 1000 Da。对于蛋白质类物质而言 [图 3.22（b）]，HOA、HOB 和 HON 的分子量分布范围比腐殖质类物质的分布范围广，HI 中的蛋白质类物质的分子量比疏水性物质的蛋白质类物质的分子量小。

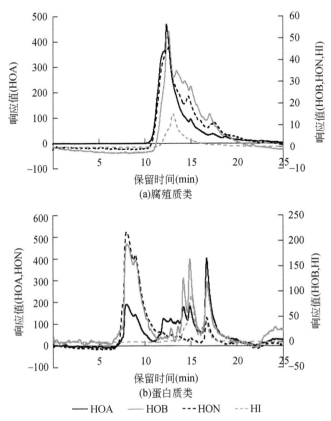

图 3.22　污水处理厂二级出水不同组分溶解性有机物分子量分布

3.4.4　污水处理厂二级出水不同组分官能团组成

由图 3.23 及根据 Monteil-Rivera 等（2000）和 Lin 等（2014）的研究，污水处理厂二级出水溶解性有机物的 4 种组分中存在 4 种典型化学结合能信号，分别为苯环碳（C＝C）、脂肪碳（C—C）、羰基碳（C＝O）及羧基碳（O—C＝O）。4 种组分中各种官能团的含量均有不同，HOA 和 HON 含有大量的苯环碳，分别占各自组分的 85% 和 55% 左右，这与图 3.20 中 HOA 和 HON 的 UV_{254} 值较高一致。但是，与 HOA 相比，HON 含有较高含量的脂肪碳和羰基碳，分别占 25% 和 20% 左右。HOB 和 HI 中苯环碳含量均较少，仅占 25% 左右，主要的官能团是羰基碳和脂肪碳，这也是 HOB 和 HI 腐殖质类物质荧光区域强度较低的原因。

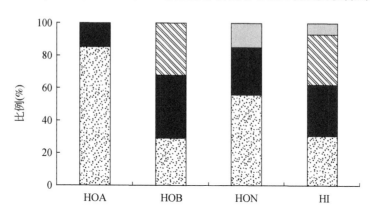

图 3.23 污水处理厂二级出水溶解性有机物不同组分的官能团组成

3.5 典型工业废水水质特征

3.5.1 印染废水

1. 印染废水来源

印染工序主要包含预处理、染色、印花、整理等。预处理工序又包含退浆、煮炼、漂白和丝光，其所排放的废水统称为漂炼废水，染色、印花、整理工序排放的废水分别称为染色废水、印花废水和整理废水，以上废水混合后统称为印染废水。通常，纺织印染一般工艺包括烧毛、退浆、煮炼、漂白、丝光、染色、印花、后整理等，不同环节产生的污染物也不同，以下是产生印染废水的主要工艺。

1）退浆：指的是去除织物上浆料的工艺过程，会产生退浆废水。退浆废水占印染总水量的 15%。退浆废水的主要特点是 pH 较高，有机物含量高，COD较高。

2）煮炼：煮炼过程中去除的物质会包含在煮炼废水中，使废水具有一定的COD 和 SS，其具有水量大，pH 高，色度高，温度高的特点，是重要的污染源。

3）漂白：去除纺织物上的色素、残留的蜡质及含氮物质等，增加纺织物的白度。漂白废水中污染物主要包括氧化剂、表面活性剂、盐等，其含量很低。漂白废水主要具有水量大，碱性强，可生化性差的特点。

4）丝光：丝光废水中包含的污染物主要有浓碱和纤维，其特点是碱度高，COD 与 BOD_5 均较低。

5）染色：染色废水中包含的污染物主要为残留染料、染料中间体、染料助剂、固色剂等。染色废水通常具有水质复杂，变化多，色度高，碱性强，可生化性较差的特点。

6）印花：印花废水中包含的污染物主要有染料、助剂和浆料，其特点主要包括 BOD_5 与 COD 均较高，氨氮（NH_3-N）含量高，污染程度高。

2. 印染废水水质特点

印染废水通常具有以下特点。

（1）有机物成分复杂

印染废水中所含有机物成分复杂且浓度高，印染废水中包含的有机物主要为浆料、染料、表面活性剂和整理剂等。目前，市场上偶氮染料的使用量最大，偶氮染料在通常情况下不易被微生物分解矿化，但在厌氧状态下则易于被微生物分解还原为芳香胺等化合物，芳香胺在自然环境中不易降解，并且具有较强的毒性。图 3.24 为印染废水原水的三维荧光图谱，以类蛋白质类物质的荧光峰为主，腐殖质类物质较少，可以推断是含氮染料或者助剂所致。图 3.25 为印染废水原水的分子量分布情况，可以看出，印染废水的分子量较小，从 500～1000 Da。

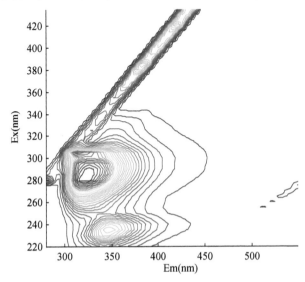

图 3.24 印染废水原水的三维荧光图谱

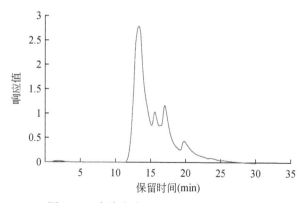

图 3.25　印染废水原水的分子量分布情况

（2）色度高

印染废水中的染料浓度不足 1 mg/L 时，也可以使印染废水产生明显的颜色。色度较高的印染废水会减弱水体的透光性，降低自然水体中的溶解氧，影响水生动植物的生长并且会妨碍水体自净作用，会严重干扰受纳水体的正常功能，从而使水生生态系统多样性下降。

（3）盐度高

印染废水中的无机盐主要来源于各个工艺中投加的助剂、酸碱等。主要包括重金属（六价铬、砷、铅等）、氮磷、硫化物和其他无机盐，虽然大多数无机盐本身毒性很小，但是其会对后续的生化处理产生一定的影响。

（4）水质水量变化大

印染行业生产过程中，由于市场的需求，通常具有小批量多品种的特点，不同品种的产品所需要使用的染料、助剂等均不同，故而印染废水中的污染物种类及含量变化较大。

鉴于此，印染废水已成为公认的难处理有害废水。据研究表明，印染废水的水质一般平均 COD 值为 800～2000 mg/L，色度为 200～800 倍，pH 为 10～13，BOD_5/COD 为 0.25～0.40。

3.5.2　油气田工业废水

几十年来，我国在油田开发建设中出现过一些环境问题，石油钻井过程中使用或产出的石油、石油类碳氢化合物、含油废弃钻井液和钻屑及含有各种化学物质的污水，给当地环境造成危害，而由钻井带来井场作业废水的污染问题也越来越受到人们的重视。世界各国都建立了相应的法律条文保护生态环境，我国环境保护法及水污染防治法的公布更明确了工业单位对环境保护的责任。而钻井污染问题直接影响着生态环境和工农关系，尤其是钻井的井位在农田地区或者鱼塘和虾池的周围，带来的企业和地方关系恶化不得不引起各大油田公司重视。

随着油气田开发进程的加快，油气田废水日益增多，严重地污染了生态环境。油气田废水水质复杂，含有石油破乳剂、盐、酚、硫等污染环境物质。油气田有机废水主要包括油田采出水、压裂废液及站内其他类型的含油污水等。

1. 油田采出水

随着油田的不断开采，采油技术不断发展。目前，油田主要进行二次、三次采油。从地下采出的含水原油称为"采出液"，经过油水分离出来的水称为油田采出水。

油田采出水的特点由于采油方法、原油特性、地质等条件不同，油田采出水的水质各异，但又有共性。表3.8为油田采出水的特点。

表 3.8　油田采出水的特点

指标	特征	危害
含油量	含油量高，一般在 1000 mg/L 以上	回注堵塞地层，外排造成污染
悬浮物	悬浮物含量高，颗粒细小，沉降缓慢	易造成地层堵塞
矿化度	矿化度高，一般在 1000 mg/L 以上，最高可达 14×10^4 mg/L	加速腐蚀，给废水生化处理造成困难
结垢离子	含有 Ca^{2+}、Mg^{2+}、HCO_3^-、Ba^{2+}、Cr^{2+} 等	容易在管道、容器中结垢
有机物	含有原油和采油过程中的各种化学药剂，COD 高	有利于微生物繁殖，造成腐蚀和堵塞
微生物	常见有铁细菌、腐生菌、硫酸盐还原菌等	容易腐蚀管线，堵塞地层

由于原油特性、采油方式等不同，油田采出水各具有特殊性。例如，原油黏度大或凝固点低，生产过程中需加热，导致油田采出水温度较高，如大庆油田采出水的温度为 40~45℃。稠油油田采用蒸汽驱采油，油田采出水的温度也较高，如辽河油田的油田采出水温度高达 60~80℃；聚合物驱由于高分子聚丙烯酰胺的存在，黏性增大，油水分离缓慢；三元复合驱不仅含有聚丙烯酰胺，还含有碱和表面活性剂，油田采出水黏性大，乳化严重，油水很难靠自然沉降分离；泡沫驱在三元复合驱的基础上加入天然气，其油田采出水的性质更加复杂，处理难度更大。有些油田由于特殊的地质条件，采出水中含有大量的 S^{2-}、Cl^- 等离子。

2. 压裂废液

在油气田开发特别是低渗透油藏开发过程中，油气井压裂是目前普遍应用的增产措施之一。常规压裂施工所采用的压裂液体系，以水基压裂液为主。压裂施工后所产生的压裂废液主要来源于两个方面：一个方面是施工前后采用活性水洗井作业产生的大量洗井废液；另一个方面就是压裂施工完成后从井筒返排出来的压裂破胶液，以及施工剩余的压裂原胶液（基液）。压裂废液组成复杂，与压裂废液种类、地层性质等有关。

油气井压裂作业返排废液的特性因压裂液体系的不同而不同。油气井压裂作业返排废液是一种复杂的多相分散体系，既有从地层深处带出的黏土颗粒和岩屑，也有原油及压裂液中的有机添加剂和无机添加剂，组成极为复杂，且矿化度高、腐蚀性大。有机添加剂多为苯系衍生物和多环芳烃化合物，其生物可降解性非常差。特别是注入油气井的压裂作业返排废液为灰黑色溶液，具有刺激性臭味。

压裂废液化学添加剂比较复杂，通常包括胶凝剂、交联剂、降滤失剂、破胶剂等。此外，为改善压裂液的各项性能指标，还需加 pH 调节剂、高温稳定剂、防黏土膨胀剂、破乳剂、降阻剂、表面活性剂等多种化学添加剂。这些众多的添加剂中对压裂废液稳定性贡献比较大的是稠化剂、高温稳定剂和表面活性剂。

稠化剂一般采用植物胶及其衍生物，如胍胶、田菁胶和香豆胶；纤维素的衍生物；聚丙烯酰胺类可作为替代品。稠化剂比较稳定的结构是其环状构造特征，这些环状物质与胶联剂相互作用使水中的黏性增加，破坏了水处理药剂的传质及化学反应的进行。

高温稳定剂的作用主要是防止高温下由于氧的存在压裂废液的黏度下降速度过快，因此常用甲醇、三乙醇胺等作为稳定剂，这类物质分子结构很小，相对稳定，通过常规处理工艺更难以处理，也增加了处理难度。

表面活性剂一般是一些中等长度的链烃，也不易破坏压裂结构。

此外，由于压裂过程中，压裂作业返排废液也会带出一定含量的石油进入压裂液体系中，造成压裂废液中石油含量较大。

压裂废液具有以下特点：

1）间歇排放，每口井排放量为 $100 \sim 200 \ m^3$。

2）pH 偏高。绝大多数钻井液 pH 为 $7.5 \sim 10$，钙处理剂钻井液 pH 甚至达11 以上由于钻井液在钻井废水中占有相当大的比例，因此钻井废液 pH 也多为 $8.5 \sim 9.0$。

3）悬浮物含量高。钻井废液中悬浮物包括钻井液中的胶态粒子（主要是膨润土及有机高分子处理剂）、黏土、加重剂材料、分散的岩屑及其他废水流经地面时所携带的泥沙、表层土等。

4）含有大量高分子有机物和一些分子结构相对稳定的少量小分子有机物，

COD 浓度高，一般从数千到上万毫克每升不等。

5）压裂废液中石油类含量为 $10 \sim 1000$ mg/L。

6）含有种类繁多的污染物，浅层清水钻井废水主要含油；深井钻井废水中油类、悬浮物、酚类等含量要更多；盐水钻井废水中的氯离子含量很高，如不经处理直接外排将对环境及井场周围农田造成严重危害。

7）压裂废液中除含无机盐、油类、黏土外还含有难处理的各种有机处理剂如磺化褐煤、磺化烤胶、磺化酚醛树脂、磺化丹宁、聚合腐殖酸、腐殖酸钾等。其外观呈黑褐色，成分复杂，具有高 COD_{Cr}、高色度、高悬浮物、高稳定性等特点。

针对压裂废水有机物浓度偏高的特点，利用高效液相色谱及气相色谱分析压裂废水，并对结果进行解析，可以得出表 3.9 和表 3.10 的水平井压裂废液种类及石油烃类污染物解析结果。由表 3.9 可以看出，压裂废液中含有大量脂肪酸及醛酮类有机物。由表 3.10 可以得出，压裂废液中还有大量碳链 $C_{10} \sim C_{25}$ 环烃类及芳香族化合物。其中，大部分苯系物为我国环境保护中优先控制的污染物。

表3.9　压裂废液中有机物种类分析

水样	宁平-1	庆平-2	宁平-5	阳平-10	阳平-11
乙酸	2.29±1.38	2.27±1.67	1.18±0.73	0.88±0.43	0.98±0.73
2-乙基乙酸	0.03±0.02	<0.01	0.03±0.02	0.01±0.03	<0.01
苯甲酸	0.06±0.03	0.07±0.05	0.03±0.03	0.02±0.02	0.01±0.02
苯乙酸	<0.01	0.04±0.02	<0.01	<0.01	0.03±0.01
乙酸丙酸酐	0.05±0.03	<0.01	0.12±0.05	<0.01	0.06±0.05
a-羟基苯丙酸	0.08±0.05	0.18±0.09	0.23±0.16	0.21±0.10	0.05±0.07
邻苯二甲酸	0.10±0.05	0.16±0.13	0.04±0.02	0.11±0.10	0.07±0.06
壬二酸	0.14±0.09	0.13±0.17	0.23±0.15	0.15±0.05	<0.01
9-十八碳烯酸	0.05±0.02	0.08±0.07	0.08±0.05	<0.01	0.05±0.02
十八烷酸	0.10±0.05	0.11±0.13	0.04±0.02	0.05±0.03	0.07±0.03
十六烷酸	0.18±0.09	0.39±0.46	0.33±0.09	0.25±0.04	0.26±0.07
甲醛	0.21±0.10	0.18±0.14	0.15±0.06	0.29±0.25	0.04±0.08
乙醛	0.23±0.14	0.10±0.05	0.10±0.08	0.15±0.03	0.04±0.02
丙醛	0.25±0.13	0.13±0.15	0.21±0.12	0.35±0.23	0.15±0.07
丙二酮	<0.01	0.06±0.05	0.13±0.08	0.02±0.03	<0.01

表 3.10   压裂水中石油烃类污染物质 GC-MS 鉴定结果

碳链长度	物质名称		
$n\text{-}C_{10}$	1-乙基-3-甲基环己烷	（2-甲基丙烯基）苯	1-异丙基萘
$n\text{-}C_{11}$	1-乙基-2-甲基环己烷	（1-甲基丙烯基）苯	2，3，6-三甲基萘
$n\text{-}C_{12}$	丙基环己烷	十氢化萘（反式）	1，4，5-三甲基萘
$n\text{-}C_{13}$	1，2，3，4-四甲基环己烷	2-甲基十氢化萘	1，6，7-三甲基萘
$n\text{-}C_{14}$	丁基环己烷	1-甲基-1，2，3，4-四氢化萘	1，4，6-三甲基萘
$n\text{-}C_{15}$	2-丁基-1，1，3-三甲基环己烷	1，2，3，4-四氢化萘	苯并茚
$n\text{-}C_{16}$	甲苯	2，6-二甲基十氢化	1，2，3，4，4α，5，6，8α-octahydro-nephthalene
$n\text{-}C_{17}$	乙苯	萘	1，2，3，4-四甲基萘
姥鲛烷	对二甲苯	2-甲基萘	菲
$n\text{-}C_{18}$	间二甲苯	1-甲基萘	2-甲基萘
植烷	邻二甲苯	1，1，6-三甲基-1，2，3，4-四氢化萘	蒽
$n\text{-}C_{19}$	3-乙基甲苯	2，6，10-三甲基-十二烷	1-甲基蒽
$n\text{-}C_{20}$	2-乙基甲苯	1，2-二甲基萘	吲哚
$n\text{-}C_{21}$	1，3，5-三甲苯	1，4-二甲基萘	1，2-二甲基吲哚
$n\text{-}C_{22}$	1，2，4-三甲苯	2，7-二甲基萘	1，6-二甲基吲哚
$n\text{-}C_{23}$	1，2，3-三甲苯	2，3-二甲基萘	
$n\text{-}C_{24}$	2-异丙基甲苯	1，8-二甲基萘	
$n\text{-}C_{25}$	1，2，3，5-四甲苯	1，5-二甲基萘	
$n\text{-}C_{26}$	1，2，3，5-四甲苯	2，6-二甲基萘	
$n\text{-}C_{27}$	1-乙基-2，3-二甲基苯	4，4，8，9，10-五甲基十氢化萘	

3. 废弃钻井液

废弃钻井液是一种主要由水、黏土、钻屑、絮凝剂、钻井液添加剂、油类等组成的多相稳定胶态悬浮体。

据美国石油学会估计，现用的泥浆中有 62% 是淡水基的，24% 是盐水基的，6% 是油基的，其余的是由其他成分组成的。我国目前使用的泥浆由以下几部分组成：①液相，配制泥浆时加入的水，为润滑作用加入的各种油品等；②固相，膨润土、加重剂等；③泥浆添加剂，为改善泥浆性能而加入的无机盐、无机聚合物、有机物、合成高聚物和表面活性剂等物质，目前约有十六大类上百个品种。废弃泥浆是一个复杂的多相体系，除了配制泥浆所加的物质外，还要包括钻进地层时混入的地下水、钻屑、黏土、原油等。

钻井泥浆是油田钻井时为了润滑冷却钻头，平衡井下压力所形成的以膨胀土等为主要成分并且添加多种有机物的泥状物质，油田钻井泥浆主要由膨润土，盐水黏土，重金石粉及多种化学处理剂组成，含水率一般为 35%~90%，固相颗粒粒度一般为 0.01~0.1 μm^2（即 95% 以上颗粒通过 200 目筛），外观一般呈黏稠流体状态，具有颗粒细小、级配差、黏度大、含水率高且不易脱水的呈强碱性，是一种典型的黏稠状胶体。钻井泥浆与污油、污水一样，是油田生产的三大公害之一，其性质如下。

1）pH 偏碱性，一般为 8.15~9.10，有的甚至达到 10 以上。

2）钻井废弃液中的悬浮物含量高，主要为膨润土有机高分子处理剂、黏土、加重材料、岩屑及水流经地面时所携带的泥沙、表层土等。

3）受钻井液处理剂和钻井材料的影响，含有一定量有毒的有机和无机污染物。

4）钻井液含油量高，部分钻井含油量在 10% 以上。

对废弃钻井液取样分析，结果见表 3.11。一般而言，废弃钻井液均呈现弱碱性，其 pH 为 8~9。由表 3.11 可以看出，废弃钻井液中的主要污染指标是 COD、石油类和其中可能存在的重金属。废弃钻井液中虽然有个别的重金属含量超标，但其超标倍数并不高。由于近年绿色环保型钻井液的使用，以及长庆油田在开发苏里格气田中倡导的"科技、绿色、和谐"理念，废弃钻井液中已经基本不添加重金属，因此，废弃钻井液中检测到重金属应该是地层岩石或者土壤等地质构造中的重金属元素在钻井过程中溶出的结果。

表 3.11　废弃钻井液污染性质分析

项目	10 个井场固废分析		10 个井场废液分析		10 个井场浸出液分析	
	检测结果（mg/kg）	GB 15618—1995 二级标准（mg/kg）	检测结果（mg/L）	GB 8978—1996 二级标准（mg/L）	检测结果（mg/L）	GB 5085.3—2007（mg/L）
COD			2500~7000	120	1000~3000	
石油类	160~410		66~140	10		
酚	0.1~0.2		10~20	20		

项目	10 个井场固废分析		10 个井场废液分析		10 个井场浸出液分析	
	检测结果（mg/kg）	GB 15618—1995 二级标准（mg/kg）	检测结果（mg/L）	GB 8978—1996 二级标准（mg/L）	检测结果（mg/L）	GB 5085.3—2007（mg/L）
硫化物			0.08 ~ 0.85	1.0		
铜	40 ~ 93	100	0.1 ~ 0.7	1.0	13 ~ 33	100
铅	22 ~ 36	300	0.08 ~ 0.5	1.0	0 ~ 0.4	5
镍	30 ~ 67	50	0.1 ~ 0.6	1.0	2.5 ~ 8.3	5
铬	26 ~ 265	200	0.01 ~ 0.08	0.1	3.5 ~ 21.3	15
镉	0.1 ~ 0.4	0.3	0.01 ~ 1.2	1.5	0.04 ~ 0.5	1
汞	0.01 ~ 0.1	0.5	0 ~ 0.02	0.05	0 ~ 0.036	0.1
砷	2.5 ~ 10	30	0 ~ 0.3	0.5	0 ~ 1.37	5
苯并芘					—	0.0003
氯苯					—	2
苯					0 ~ 0.15	1
苯酚					0 ~ 0.38	3

4. 洗井废水

我国油田现在大多是采用注水开发方式进行生产，注水井就是向油层注水的专用井。注水井需要进行定期清洗以清除井内沉积污物，由于在地面向井筒内打入具有一定性质的洗井工作液把井壁和油管上的结蜡、死油、铁锈、杂质等脏物混合到洗井工作液中而被带到地面的施工中，从而产生了洗井废水。

油田洗井废水水质情况比较复杂，洗井废水的水质浓度与地质条件、注水井的构成、注水方式、注水水质、注水井洗井周期、注水管线和注水井内油管和套管的结垢与腐蚀情况等有关。

洗井废水具有以下特点。

1）水温在 35℃ 左右，pH 为 7.5 ~ 8.0，清洗出的悬浮固体中有泥沙、黏土、结垢及腐蚀产物。

2）洗井废水中的油类物质包括溶解油、乳化油、浮油、低凝固点重质油类物质、胶质、沥青质及蜡质等。由这些污染物质形成的水中悬浮物质的粒径变化范围很大，同时含有大量的纳米级胶体颗粒，性能极其稳定；水中低凝固点重质油类物质、胶质、沥青质及蜡质的浓度比一般的油田含油污水高，这些物质能强烈地黏附于水中悬浮颗粒表面，增强了胶体的稳定性。

3）洗井时因各种需要而加入的大量有机物，如有机溶蜡剂、表面活性剂等。

5. 酸化废液

酸化是提高油、气单井产量及修复枯竭井的重要措施之一，被各油气田普遍采用。酸化过程中最常用的酸化液有盐酸液和土酸（盐酸+氢氟酸）液两大类。一般用于碳酸盐地层酸化作业的盐酸酸化液，盐酸质量分数为15%~20%，加有一定量的缓蚀剂、缓速剂和渗透剂等。

将酸化处理液，包括油层清洗液、前置液、处理液、后置液及油层保护液，依次注入油井，进行酸化处理。一定时间后将其废液排出，排出的废液称为酸化返出液。

酸化废液的特点。

1）残酸 pH 较低，通常为 0.5~4，Cl⁻ 含量为 1 万~30 万 mg/L。

2）还含多种矿物质和酸化时配入的化学处理剂、残渣、石油类等。

3）酸化产生的残酸不易集中处理，同时，每个勘探井点产出的残酸一般只有一次，因其量较少，常常只有 10~60 m³，无回收价值。

6. 其他废水

此外还有以下几种渠道产生的废水。

1）修井废水：修井废水的污染物主要是卸压时随水带出的原油，其有机物含量较少，COD 浓度因此也相对较低。

2）钻井液污水：包括废弃的钻井液及散落的钻井液。

3）机械污水：包括柴油机冷却水、钻井泵拉杆冲洗水、水刹车排出水等。

4）冲洗污水：包括冲洗振动筛用水、冲洗钻台和钻具用水、清洗设备用水。

5）岩屑：钻井过程中产生大量的岩屑，岩屑吸附了大量的泥浆，对岩屑样的冲洗及雨水对岩屑的冲刷，便会使岩屑吸附的泥浆进入钻井废水系统。

6）钻井过程的酸化和固井作业产生大量的废水。

7）钻井事故，特别是井喷也会产生大量的废水。

8）天然气开采及加工过程中产生的废水。

9）储油罐、机械设备的油料散落。

参 考 文 献

傅平青，刘丛强，尹祚莹，等．2004. 腐殖酸三维荧光光谱特性研究．地球化学，33（3）：301-308.

金鹏康, 孔茜, 金鑫. 2015. 二级出水中溶解性有机物的分级表征特性. 环境化学, 34 (9): 1649-1653.

彭安, 王文华. 1981. 水体腐殖酸及其络合物 I: 蓟运河腐殖酸的提取和表征. 环境科学学报, 1 (2): 126-139.

魏群山, 王东升, 余剑锋, 等. 2006. 水体溶解性有机物的化学分级表征: 原理与方法. 环境污染治理技术与设备, 7 (10): 17-22.

文美兰. 2006. X 射线光电子能谱的应用介绍. 化工时刊, 20: 54-56.

吴丰昌. 2010. 天然有机质及其与污染物的相互作用. 北京: 科学出版社.

吴静, 崔硕, 谢超波, 等. 2011. 好氧处理后城市污水荧光指纹的变化. 光谱学与光谱分析, 31 (12): 3302-3306.

谢有畅, 邵美成. 1980. 结构化学. 北京: 人民教育出版社.

严健汉. 1995. 环境土壤学. 上海: 华东师范大学出版社.

Aiken G R, Thurman E M, Malcolm R L. 1979. Compaison of XAD macroporous resins for the concentration of fulvic from aqueous solution. Analytical Chemistry, 51 (11): 1799-1803.

Allpike B P, Heitz A, Joll C A, et al. 2007. A new organic carbon detector for size exclusion chroma-tography. Journal of Chromatogrphy A, 1157: 472-476.

Amy G L, Conllins M R, Kuo C J, et al. 1987. Comparing gel permeation chromatography and ultra filtration for the molecular weight characterization of aquatic organic matter. Journal of American Water Works Association, 79 (1): 43-49.

Artinger R, Buckau G, Geyer S, et al. 2000. Characterization of groundwater humic substances: infuence of sedimentary organic carbon. Applied Geochemistry, 15: 97-116.

Assemi S, Newcombe G, Hepplewhite C. 2004. Characterization of natural organic matter fractions separated by ultrafiltration using flow field-flow fractionation. Water Research, 38: 1467-1476.

Ates N, Kitis M, Yetis U. 2007. Formation of chlorination by-products in waters with low SUVA-correlations with SUVA and differential UV spectroscopy. Water Research, 41: 4139-4148.

Audenaert W T, Vandierendonck D, van Hulle S W, et al. 2013. Comparison of ozone and HO. induced conversion of effluent organic matter (EfOM) using ozonation and UV/H_2O_2 treat-ment. Water Research, 47 (7): 2387-2398.

Babcock D B, Singer P C. 1979. Chlorination and coagulation of humic and fulvic acid. Journal of the American Water Works Association, 71 (3): 149-152.

Baghoth S A, Dignum M, Grefte A, et al. 2009. Characterization of NOM in a drinking water treatment process train with no disinfectant residual. Water Science and Technology, 9 (1): 379-386.

Baker A, Tipping E, Thacker S A, et al. 2008. Relating dissolved organic matter fluorescence and functional properties. Chemosphere, 73: 1765-1772.

Baker D J, Stuckey D C. 1999. A review of soluble microbial products (SMP) in wastewater treatment systems. Water Research, 33 (14): 3036-3082.

Barber L B, Leenheer J A, Noyes T I, et al. 2001. Nature and transformation of dissolved organic matter in treatment wetlands. Environmental Science and Technology, 35 (24): 4805-4816.

Bieroza M, Baker A, Bridgeman J. 2009. Relating freshwater organic matter fluorescence to organic carbon removal efficiency in drinking water treatment. Science of the Total Environment, 407: 1765-1774.

Bolto B A, Dixon D R, Eldridge R J, et al. 1998. The use of cationic polymers as primary coagulants in water treatment. //Hahn H H, Hoffmann E, φdegaard H. Chemical Water and Wastewater Treatmentv. Berlin: Spring-Verlag.

Buffle J. 1977. Les substances humiques et leurs interactions avec les ions mineraux. Conference Proceedings de la Commission d'Hydrologie Appliquee de A. G. H. T. M. L' Universite d'Orsay.

Burgess R M, Mckinney R A, Brown W A, et al. 1996. Isolation of marine sediment colloids and associated polychlorinated biphenyls: an evaluation of ultrafiltration and reverse-phase chromatography. Environmental Science and Technology, 30 (6): 123-132.

Chang E E, Chiang P C, Ko Y W, et al. 2001. Characteristics of organic precursors and their relationship with disinfection by-products. Chemosphere, 44: 1231-1236.

Chefetz B, Chen Y, Hadar Y, et al. 1996. Chemical and biological characterization of organic matter during composting of municipal solid waste. Journal of Environmental Quality, 25: 776-785.

Chefetz B, Salloum M J, Deshmukh A P, et al. 2002. Structural components of humic acids as determined by chemical modifications and ^{13}C NMR, pyrolysis, and thermochemolysis-GC/MS. Soil Science Society of America Journal, 66 (4): 1159-1171.

Chen J, Leboeuf E J, Dai S, et al. 2003. Fluorescence spectroscopic studies of natural organic matter fractions. Chemosphere, 50 (5): 639-647.

Chow C W K, Kuntke P, Fabris R, et al. 2009a. Organic characterisation tools for distribution system management. Water Science and Technology, 9 (1): 1-8.

Chow C W K, van Leeuwen J A, Fabris R, et al. 2009b. Optimised coagulation using aluminium sulfate for the removal of dissolved organic carbon. Desalination, 245: 120-134.

Coble P G. 1996. Characterization of marine and terrestrial DOM in seawater using excitation-emission matrix spectroscopy. Marine Chemistry, 51 (4): 325-346.

Czerwinsk K R, Buckau G, Scherbaum F, et al. 1994. Complexation of the uranyl ion with aquatic humic acid. Radiochim Acta, 65 (2): 111-119.

Datta C, Ghosh K, Mukherjee S K. 1971. Fluorescence excitation spectra of different fractions of humus. Journal of the Indian Chemical Society, 48: 279-287.

Espinoza L A T, Haseborg E T, Weber M, et al. 2009. Investigation of the photocatalytic degradation of brown water natural organic matter by size exclusion chromatography. Applied Catalysis B: Environmental, 87: 56-62.

Fabris R, Chow C W K, Drikas M, et al. 2008. Comparison of NOM character in selected Australian and Norwegian drinking waters. Water Research, 42: 4188-4196.

Fukano K, Komiya K, Sasaki H, et al. 1978. Evaluation of new supports for high-pressure aqueous gel permeation chromatography: TSK-gel SW type columns. Journal of Chromatography, 166:

47-54.

Gadel F, Bruchet A. 1987. Application of pyrolysis- gas chromatography- mass spectrometry to the charaterization of humic substances resulting from decay of aquatic plants in sediments and waters. Water Research, 21 (10): 1195.

Gjessing E T. 1965. Use of Sephadex gels for estimation of humic substances in natural water. Nature, 208: 1091-1092.

Gjessing E T. 1973. Gel- and ultramembrane filtration of aquatic humus: a comparison of the two methods. Aquatic Sciences, 35: 286-294.

Goel S, Hozalski R M, Bouwer E J. 1995. Biodegradation of NOM: effect of NOM source and ozone dose. Journal of the American Water Works Association, 87 (1): 90-105.

Gong J, Liu Y, Sun X. 2008. O_3 and UV/O_3 oxidation of organic constituents of biotreated municipal wastewater. Water Research, 42 (4-5): 1238-1244.

Gosh K, Schnitzer M. 1980. Fluorescence excitation spectra of humic substances. Soil Science, 129: 266.

Guthrie E A, Bortiatynski J M, Hardy K S, et al. 1999. Determination of [^{13}C] pyrene sequestration in sediment microcosms using flash pyrolysis- GC- MS and ^{13}C NMR. Environmental Science and Technology, 33: 119-125.

Hatcher P G, Dria K J, Kim S, et al. 2001. Modern analytical studies of humic substances. Soil Science, 2001, 166 (11): 770-794.

Her N, Amy G, Chung J, et al. 2008a. Characterizing dissolved organic matter and evaluating associated nanofiltration membrane fouling. Chemosphere, 70: 495-502.

Hubel R E, Edzwald J K. 1987. Removing trihalomethane precursors by coagulation. Journal of the American Water Works Association, 79 (7): 98.

Hudson N, Baker A, Ward D, et al. 2008. Can fluorescence spectrometry be used as a surrogate for the biochemical oxygen demand (BOD) test in water quality assessment? An example from South West England. Science of the Total Environmental, 391: 149-158.

Klapper L, Mcknight D M, Fulton J R, et al. 2002. Fulvic acid oxidation state detection using fluorescence spectroscopy. Environmental Science and Technology, 36: 3170-3175.

Korshin G V, Benjamin M M, Sletten R S. 1997. Adsorption of natural organic matter (NOM) on iron oxide: effects on NOM composition and formation of organo- halide compounds during chlorination. Water Research, 31 (7): 1643-1650.

Korshin G, Chow C W K, Fabris R, et al. 2009. Absorbance spectroscopybased examination of effects of coagulation on the reactivity of fractions of natural organic matter with varying apparent molecular weights. Water Research, 43: 1541-1548.

Kujawinski E B, Hatcher P G, Freitas M A. 2002. High- resolution fourier transform ion cyclotron resonance mass spectrometry of humic and fulvic acids: improvements and comparisons. Analytical Chemistry, 74 (2): 413-419.

Kunacheva C, Stuckey D C. 2014. Analytical methods for soluble microbial products (SMP) and extracellular polymers （ECP） in wastewater treatment systems: a review. Water Research, 61: 1-18.

Kusakabe K, Aso S, Hayashi J I, et al. 1990. Decomposition of humic acid and reduction of trihalomethane formation potential in water by ozone with UV irradiation. Water Research, 24 （6）: 781-785.

Lands U, Weber M, Frimmel F H. 2009. Reconsidering the quantitative analysis of organic carbon concentrations in size exclusion chromatography. Water Research, 43: 915-924.

Langford C H, Cook R L. 1995. Kinetic versus equilibrium studies for the speciation of metal complexes with ligands from soil and water. Analyst, 120: 591 -596.

Lead J R, Willkinson K J, Balnois E, et al. 2000. Diffusion coefficients and polydispersities of the Suwannee River fulvic acid: comparison of fluorescence correlation spectroscopy, pulsed- field gradient nuclear magnetic resonance, and flow field- flow fractionation. Environmental Science and Technology, 34 （16）: 3508-3513.

Leenheer J A, Croue J-P. 2003. Characterizing dissolved aquatic organic matter. Environmental Science and Technology, 37 （1）: 18A-26A.

Leenheer J A, Rostad C E, Gates P M, et al. 2001. Molecular resolution and fragmentation of fulvic acid by electrospray ionization/multistage tandem mass spectrometry. Analytical Chemistry, 73: 1461-1471.

Leenheer J A. 1981. Comprehensive approach to preparative isolation and fractionation of dissolved organic carbon from natural waters and wastewaters. Environmental Science and Technology, 15 （5）: 578-587.

Leenheer J A. 2009. Systematic approaches to comprehensive analyses of natural organic matter. Annals of Environmental Science, 3 （1）: 1-130.

Li L B, Yan S, Han C B, et al. 2005. Comprehensive characterization of oil refinery effluent- derived humic substances using various spectroscopic approaches. Chemosphere, 60: 467-476.

Liao W, Christman R F, Johnson J D, et al. 1982. Structural characterization of aquatic humic material. Environment Science and Technology, 16 （7）: 403-410.

Lin J L, Huang C, Dempsey B, et al. 2014. Fate of hydrolyzed Al species in humic acid coagulation. Water Research, 56: 314-324.

Liu S, Lim M, Fabris R, et al. 2010. Comparison of photocatalytic degradation of natural organic matter in two Australian surface waters using multiple analytical techniques. Organic Geochemistry, 41 （2）: 124-129.

Liu S, Lim M, Fabris R, et al. 2008. Removal of humic acid using TiO_2 photocatalytic process fractionation and molecular weight characterisation studies. Chemosphere, 72: 263-271.

Liu R, Lead J R, Baker A. 2007. Fluorescence characterization of cross flow ultrafiltration derived freshwater colloidal and dissolved organic matter. Chemosphere, 68: 1304-1311.

Malclm R L, Maccarthy P. 1992. Quantitative evaluation of XAD-8 and XAD-4 resins used in tandem for removing organic solutes from water. Environment International, 18 （6）: 597-607.

Marhaba T F, Van D, Lippincott R L. 2000. Changes in NOM Fractionation through Treatment: A Comparison of Ozonation and Chlorination. Ozone Science and Engineering, 22 (3): 249-266.

Marhaba T F. 2000. Fluorescence technique for rapid identification of DOM fractions. Journal in Environmental Science and Engineering, 126: 145-152.

Matilainen A, Iivari P, Sallanko J, et al. 2006. The role of ozonation and activated carbon filtration in the natural organic matter removal from drinking water. Environmental Technology, 27: 1171-1180.

Miles C J, Tuschall J R, Brezonik P L. 1983. Isolation of aquatic humus with diethylaminoethylcellu- lose. Analytical Chemistry, 55: 410-411.

Monteil-Rivera F, Brouwer E B, Masset S, et al. 2000. Combination of X-ray photoelectron and solid- state ^{13}C nuclear magnetic resonance spectroscopy in the structural characterisation of humic acids. Analytica Chimica Acta, 424 (2): 243-255.

Nanny M A, Bortiatynski J M, Hatcher P G. 1997. Noncovalent interactions between acenaphthenone and dissolved fulvic acid as determined by ^{13}C NMR T1 relaxation measurements. Environmental Science and Technology, 31 (2): 530-534.

O'Loughlin E, Chin Y P. 2001. Effect of detector wavelength on the determination of the molecular weight of humic substances by high- pressure size exclusion chromatography. Water Research, 35: 333-338.

Owen D M, Amy G L, Chowdhury Z K, et al. 1995. NOM characterization and treatability. Journal of the American Water Works Association, 87 (1): 46-63.

Peiris R H, Budman H, Moresoli C, et al. 2010. Identifying fouling events in a membrane- based drinking water treatment process using principal component analysis of fluorescence excitation- emission matrices. Water Research, 44: 185-194.

Pelekani C, Newcombe G, Snoeyink V. 1999. Characterization of natural organic matter using high performance size exclusion chromatography. Environmental Science and Technology, 33 (16): 2807-2813.

Peuravuori J, Lehtonen T, Pijlaja K. 2002. Sorption of aquatic humic matter by DAX-8 and XAD-8 resins: comparative study using pyrolysis gas chromatography. Analytica Chimica Acta, 471 (2): 219-226.

Peuravuori J, Monteiro A, Eglite L, et al. 2005. Comparative study for separation of aquatic humic- type organic constituents by DAX-8, PVP and DEAE sorbing solids and tangential ultrafiltration: elemental composition, size- exclusion chromatography, UV- vis and FT- IR. Talanta, 65 (2): 408 -422.

Posner A M. 1963. Importance of electrolyte in the determination of molecular weights by sephadex gel with specific reference to humic acids. Nature, 198: 1161-1163.

Sachleben J R, Chefetz B, Hatcher P G. 2002. Polyethylene- like behavior of cuticular materials as monitored by variable temperature and multidimensional solid-state nuclear magnetic resonance spec- troscopy. Environmental Science and Technology.

Sarathy S R, Mohseni M. 2007. The impact of UV/H$_2$O$_2$ advanced oxidation on molecular size distribution of chromophoric natural organic matter. Environmental Science and Technology, 41: 8315-8320.

Schulten H R, Hempfling R. 1992. Influence of agricultural soil management on humus composition and dynamics: classical and modern analytical techniques. Plant and Soil, 142 (2): 259-271.

Schnitzer M, Khan S U. 1972. Humic Substances in the Environment. New York: Marcel Dekker Inc.

Seredynska-Sobecka B, Baker A, Lead A. 2007. Characterisation of colloidal and particulate organic carbon in freshwaters by thermal fluorescence quenching. Water Research, 41: 3069-3076.

Shin H S, Monsallier J M, Choppin G R. 1999. Spectroscopic and chemical characterizations of molecular size fractionated humic acid. Talanta, 50 (3): 641 -647.

Soh Y C, Roddick F, van Leeuwen J A. 2008. The impact of alum coagulation on the character, bio-degradability and disinfection by- product formation potential of reservoir natural organic matter (NOM) fractions. Water Science and Technology, 58 (6): 1173-1179.

Specht C H, Frimmel F H. 2000. Specific interactions of organic substances in sizeexclusion chroma-tography. Environmental Science and Technology, 34 (11): 2361-2366.

Spencer R G M, Bolton L, Baker A. 2007. Freeze/thaw and pH effects on freshwater dissolved organic matter fluorescence and absorbance properties from a number of UK locations. Water Research, 41: 2941-2950.

Stevenson F J, Fitch A, Brar M S. 1993. Stability constants of Cu (II) - humate complexes: comparison of select models. Soil Science, 155: 77-91.

Stevenson F J. 1982. Humus chemistry: Genesis, composition, reactions. New York: Wiley Interscience Publication.

Świetlik J, Sikorska E. 2004. Application of fluorescence spectroscopy in the studies of natural organic matter fraction s reactivity with chlorine dioxide and ozone. Water Research, 38 (17): 3791-3799.

Thurman E M, Malcolm R L. 1981. Preparative isolation of aquatic humic substances. Environmental Science and Technology, 15 (4): 463-466.

Uyguner C S, Suphandag S A, Kerc A, et al. 2007. Evaluation of adsorption and coagulation characteristics of humic acids preceded by alternative advanced oxidation techniques. Desalination, 210: 183-193.

Vernon S L, David J. 1980. Water Chemistry. New York: John Willey and Sons, Inc.

Weber J H, Wilson S A. 1975. The isolation and characterization of fulvic acid and humic acid from river water. Water Research, 9 (12): 1079-1084.

Wu F C, Evans R D, Dillon P J, et al. 2007a. Rapid quantification of humic and fulvic acids by HPLC in natural waters. Applied Geochemistry, 22: 1598-1605.

Wu F C, Kothawala D N, Evans R D, et al. 2007b. Relationships between DOC concentration, molecular size and fluorescence properties of DOM in a stream. Applied Geochemistry, 22: 1659-1667.

Wu F C, Tanoue E, Liu C Q. 2003. Fluorescence and amino acid characteristics of molecular size fractions of DOM in the waters of Lake Biwa. Biogeochemistry, 65: 245-257.

Wu F C, Tanoue E. 2001. Molecular mass distribution and fluorescence characteristics of dissolved organic ligands for copper（Ⅱ）in Lake Biwa, Japan. Organic Geochemistry, 32：11-20.

Yan M Q, Wang D S, Shi B, et al. 2007. Effect of pre-ozonation on optimized coagulation of a typical North-China source water. Chemosphere, 69（11）：1695-1702.

Zhang T, Lu J F, Ma J, et al. 2008. Comparative study of ozonation and synthetic goethite-catalyzed ozonation of individual NOM fractions isolated and fractionated from a filtered river water. Water Research, 42（6-7）：1563-1570.

Zhang T, Lu J F, Ma J, et al. 2008. Fluorescence spectroscopic characterization of DOM fractions isolated from a filtered river water after ozonation and catalytic ozonation. Chemosphere, 71（5）：911-921.

Zhao Z Y, Gu D J, Li H B, et al. 2009. Disinfection characteristics of the dissolved organic fractions at several stages of a conventional drinking water treatment plant in South China. Journal of Hazardous Materials, 172：1093-1099.

Zheng X, Khan M T. 2014. Contribution of effluent organic matter（EfOM）to ultrafiltration（UF）membrane fouling: isolation, characterization, and fouling effect of EfOM fractions. Water Research, 65：414-424.

第 4 章   臭氧在水处理中的作用

4.1   臭氧的性质

4.1.1   臭氧的物理性质

臭氧是一种具有刺激性特殊气味的不稳定气体，分子结构如图4.1（a）和图4.1（b）所示。它可在地球同温层内光化学合成，但是在地平面上仅以极低浓度存在。

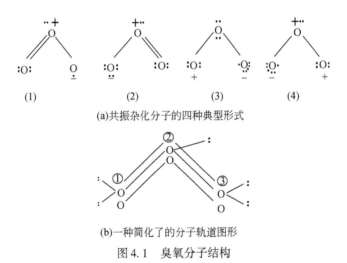

(a)共振杂化分子的四种典型形式

(b)一种简化了的分子轨道图形

图4.1   臭氧分子结构

1. 一般物理性质

在常温下，臭氧为蓝色气体，不过在常温下，蓝色并不明显，除非是相当厚的气体。臭氧的主要物理性质如表4.1所示，液体密度和蒸汽压如表4.2所示。

表 4.1　纯臭氧的物理性质

项目		数值	项目		数值
熔点（760mmHg）（℃）		−192.5±0.4	气体密度（0）（g/L）		2.144
沸点（760mmHg）（℃）		−111.9±0.3	蒸发热（−112℃）（J/L）		316.8
临界温度（℃）		−12.1	临界密度（g/ml）		0.437
临界压力（atm①）		54.6	固态臭氧密度 （77.4K）/（g/cm³）		1.728
临界体积（cm³/mol）		111			
液态臭氧的黏滞度	77.6K（Pa·s）	0.004 17	液态热容（90~150K）（cal④/k）		0.425+0.001 4· （T-90）
	90.2K（Pa·s）	0.001 56			
表面张力(dyn②/cm)	77.2K	43.8	汽化热 （kJ/mol）	−111.9℃	14 277
	90.2K	38.4		−183℃	15 282
等张比容（90.2K）		75.7	生成热	气体（298.15K）	142.98
介电常数（液态90.2K）		4.79		液体（90.15K）	125.60
偶极矩（deb③）		0.55		理想气体（0K）	145.45
磁化率	气体	0.002×10⁻⁶	生成自由能（气体，298.15K）		162.82
	液体	0.150			

①1atm = 1.013 25×10⁵ Pa；②1dyn = 10⁻⁵ N；③1deb = 10⁻¹⁸ Fr·cm = 3.33564×10⁻³⁰ C·m；④1calth（热化学卡）= 4.184J。

表 4.2　臭氧的液体密度和蒸汽压

温度（℃）	液体密度 （g/cm³）	液体蒸汽压 （mmHg）	温度（℃）	液体密度 （g/cm³）	液体蒸汽压 （mmHg）
−183	1.574	0.11	−140	1.442	74.2
−180	1.566	0.21	−130	1.410	190
−170	1.535	1.41	−120	1.318	427
−160	1.504	6.75	−110	1.347	865
−150	1.473	24.3	−100	1.316	1605

2. 臭氧的溶解度

臭氧略溶于水，标准压力和温度（standard temperature and pressure，STP）下，其溶解度比氧大 13 倍（表 4.3），比空气大 25 倍。

表 4.3　臭氧在水中的溶解度（气体分压为 10^5 Pa）

气体	密度（g/L）	温度/（℃）			
		0	10	20	30
氧气	1.492	49.3 ml/L	38.4 ml/L	31.4 ml/L	26.7 ml/L
臭氧	2.143	641 ml/L	520 ml/L	368 ml/L	233 ml/L
空气	1.2928	28.8 ml/L	23.6 ml/L	18.7 ml/L	16.1 ml/L

将臭氧通入蒸馏水中，可以测出不同温度、不同压力下臭氧在水中的溶解度。图 4.2 是在压力为 1 atm 时，纯臭氧在水中的溶解度和温度的关系曲线。从图 4.2 可知，当温度为 0℃ 时。纯臭氧在水中的溶解度可达 2.858×10^{-2} mol/L（1372 mg/L）。

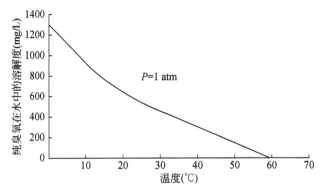

图 4.2　臭氧在水中的溶解度和温度的关系曲线

臭氧和其他气体一样，在水中的溶解度符合亨利定律，即在一定温度下，任何气体溶解于已知液体中的质量，将与该气体作用在液体上的分压成正比，而亨利常数的大小只是温度的函数，与浓度无关。

$$C = K_H P \tag{4-1}$$

式中，C 为臭氧在水中的溶解度，mg/L；P 为臭氧氧化空气中臭氧的分压，kPa；K_H 为亨利常数，mg/（L·kPa）。

从方程式（4-1）知，由于实际生产中采用的多是臭氧氧化空气，其臭氧的分压很小，故臭氧的溶解度远远小于表 4.3 中的数据。例如，用空气为原料的臭氧发生器生产的臭氧氧化空气，臭氧只占 0.6%~1.2%（体积）。根据气态方程及道尔顿分压定律可知，臭氧的分压也只有臭氧氧化空气压力的 0.6%~1.2%。因此，当水温为 25℃ 时，将这种臭氧氧化空气加入水中，臭氧的溶解度只有 0.625×10^{-4} ~ 1.458×10^{-4} mol/L（即 3~7 mg/L）。

在一般水处理应用中，臭氧浓度较低，所以在水中的溶解度并不大。在较低浓度下，臭氧在水中的溶解度基本满足亨利定律。低浓度臭氧在水中的溶解度见表4.4。

表4.4　低浓度臭氧在水中的溶解度

气体质量百分比含量（%）	温度（℃）						
	0	5	10	15	20	25	30
1	8.31 mg/L	7.39 mg/L	6.50 mg/L	5.6 mg/L	4.29 mg/L	3.53 mg/L	2.70 mg/L
1.5	12.47 mg/L	11.09 mg/L	9.75 mg/L	8.4 mg/L	6.43 mg/L	5.09 mg/L	4.04 mg/L
2	16.64 mg/L	17.79 mg/L	13.00 mg/L	11.19 mg/L	8.57 mg/L	7.05 mg/L	5.39 mg/L
3	24.92 mg/L	22.18 mg/L	19.50 mg/L	16.79 mg/L	12.86 mg/L	10.58 mg/L	8.09 mg/L

4.1.2　臭氧的化学性质

1. 臭氧在水中的稳定性

臭氧在水中不稳定，其在水中的衰减会分为两个阶段：在第一阶段，臭氧会快速衰减；在第二阶段，臭氧的衰减速度有所降低，且符合一级动力学。臭氧分解机理和臭氧反应动力学方面的研究较为广泛（Sehested et al., 1998；Sehested et al., 1991；Staehelin et al., 1985；Tomiyasu et al., 1985；Staehelin and Buhler，1984；Bühler et al., 1984；Sehested et al., 1984；Sehested et al., 1983；Forni et al., 1982；Staehelin，1982）。臭氧在水中的稳定主要取决于水质，特别是 pH、水体的种类、水中天然有机物的含量及碱度（Hoigné，1998），根据不同的水质，臭氧的半衰期从几秒至几小时不等（Hoigné，1998；Stettler et al., 1984）。臭氧在水中分解的主要产物为羟基自由基（·OH）。

水的 pH 在臭氧分解过程中起到十分关键的作用，因为氢氧根离子会引发臭氧的分解，其反应方程式如下（Elliot and Mccracken，1989）：

$$O_3 + OH^- \rightarrow HO_2^- + O_2 \qquad k = 70 L/(mol \cdot s) \tag{4-2}$$

$$O_3 + HO_2^- \rightarrow \cdot OH + O_2^{\cdot-} + O_2 \qquad k = 2.8 \times 10^6 L/(mol \cdot s) \tag{4-3}$$

$$O_3 + O_2^{\cdot-} \rightarrow O_3^{\cdot-} + O_2 \qquad k = 1.6 \times 10^9 L/(mol \cdot s) \tag{4-4}$$

pH<8 时，

$$O_3^{\cdot-} + H^+ \Longleftrightarrow HO_3^{\cdot} \qquad k_+ = 5 \times 10^{10} L/(mol \cdot s) \qquad k_- = 3.3 \times 10^2 s^{-1} \tag{4-5}$$

$$HO_3^{\cdot} \rightarrow \cdot OH + O_2 \qquad k = 1.4 \times 10^5 s^{-1} \tag{4-6}$$

pH>8 时，

$$O_3^{\cdot-} \Longleftrightarrow O_2^{\cdot-} + O_2 \qquad k_+ = 2.1 \times 10^3 L/(mol \cdot s) \qquad k_- = 3.3 \times 10^9 s^{-1} \tag{4-7}$$

$$O^{\cdot -}+H_2O \longrightarrow \cdot OH+OH^- \qquad k= 10^8 \ s^{-1} \qquad (4\text{-}8)$$

$$\cdot OH+O_3 \longrightarrow HO_2^{\cdot}+O_2 \qquad k= 1\times10^8 L/(mol \cdot s) \ \sim 2\times10^9 L/(mol \cdot s)$$
$$(4\text{-}9)$$

根据方程式（4-2）和方程式（4-3），臭氧分解引发的速率可以通过人为提高水的 pH 或者加入过氧化氢，从而成为高级氧化反应。方程式（4-9）的反应速率很快，对于含有很低浓度羟基自由基清除剂（低浓度有机物和碱度）的水体很适用，方程式（4-9）会使水中的臭氧及羟基自由基含量的降低，从而使水中的氧化能力降低。该方程的速率常数不同研究得出的结果不尽相同，从 1×10^8 $\sim 2\times10^9 L/(mol \cdot s)$（Sehested et al., 1984；Staehelin, 1982）。

天然有机物通过以下两种途径影响臭氧在水中的稳定性：①直接与臭氧反应 [方程式（4-10）和方程式（4-11）]；②通过与羟基自由基反应来间接影响臭氧在水中的稳定性 [方程式（4-10）～方程式（4-13）]。

$$O_3+NOM1 \rightarrow NOM1_{OX} \qquad (4\text{-}10)$$

$$O_3+NOM2 \rightarrow NOM2^{+\cdot}+O_3^{\cdot -} \qquad (4\text{-}11)$$

和臭氧的直接反应 [方程式（4-10）和方程式（4-11）] 主要是通过与双键、苯环、氨基和硫化物反应来实现。

羟基自由基与天然有机物（清除剂）的反应可以通过以下途径来影响臭氧在水中的稳定性。在天然有机物与羟基自由基反应后（$k \approx 2.5\times10^4 L/(mol \cdot s)$）（Hoigné, 1998），一部分天然有机物会形成有机物形式的自由基 [方程式（4-12）]。这类自由基与氧气反应可以生成超氧自由基 [方程式（4-13）]，超氧自由基可以与臭氧反应再次生成羟基自由基。这一系列反应称为传播反应。

$$\cdot OH+NOM3 \rightarrow NOM3^{\cdot}+H_2O \quad 或 \quad NOM3^{\cdot}+OH^- \qquad (4\text{-}12)$$

$$NOM3^{\cdot}+O_2 \rightarrow NOM-O_2^{\cdot} \rightarrow NOM3^++O_2^{\cdot -} \qquad (4\text{-}13)$$

链式反应可以加速臭氧在水中含量的降低，链式反应可以被抑制剂终止。抑制剂与羟基自由基反应后不生成超氧自由基。在天然水体中，很多天然有机物及碳酸根、碳酸氢根均属于抑制剂（Buxton et al., 1988）。

$$\cdot OH+NOM4 \rightarrow NOM4^{\cdot}+H_2O \qquad (4\text{-}14)$$

$$NOM4^{\cdot}+O_2 \rightarrow NOM4-O_2^{\cdot} \rightarrow noO_2^{\cdot -} \ formation \qquad (4\text{-}15)$$

$$\cdot OH+CO_3^{2-} \rightarrow CO_3^{\cdot -}+OH^- \qquad k=3.9\times10^8 L/(mol \cdot s) \qquad (4\text{-}16)$$

$$\cdot OH+HCO_3^- \rightarrow CO_3^{\cdot -}+H_2O \qquad k=8.5\times10^6 L/(mol \cdot s) \qquad (4\text{-}17)$$

碳酸氢盐自由基（$HCO_3 \cdot$）在一般的饮用水处理中不是很重要，因为它会迅速去质子化 [$pK_{HCO_3}<0$，（Czapski et al., 1999）]。虽然所有的无机物（包括碳酸根）的反应速率常数均为已知，但是因为天然有机物与臭氧反应的未知性，仍然很难知道臭氧在天然水体中的稳定性。对于天然有机物而言，很难辨别哪些

是促进剂，哪些是抑制剂。很多研究采用光谱及天然有机的结构分析方法推测天然有机物与臭氧及天然有机物的促进或者抑制作用。天然有机物与臭氧的直接反应与天然有机物的紫外吸光度或者 $SUVA_{254}$ 值的相关性很好（Elovitz et al., 2000；Westerhoff et al., 1999；Hoigné and Bader, 1979）。对于天然有机物促进或者抑制性能的研究十分困难。有人曾经采用模型模拟臭氧的分解，但是缺乏羟基自由基探针对系统的校准，得到的结果准确性较低。

2. 臭氧的氧化性

臭氧是一种强氧化剂，其氧化还原电位与 pH 有关，在酸性溶液中，$E^{\theta} = 2.07V$，氧化性仅次于氟，在碱性溶液中，$E^{\theta} = 1.24V$，氧化能力略低于氯（$E^{\theta} = 1.36V$）。研究结果表明，在 pH 为 5.6~9.8，水温为 0~39℃，臭氧的氧化效力不受影响。利用臭氧的强氧化性进行城市给水消毒已有近百年的历史，臭氧的杀菌力强、反应速率快，能杀灭氯所不能杀灭的病毒和芽孢，而且出水无异味，但投加量不足时也可能产生对人体有害的中间产物。在工业废水处理中，可用臭氧氧化多种有机物和无机物。臭氧之所以表现出强氧化性，是因为分子中的氧原子具有强烈的亲电子性或亲质子性，臭氧分解产生的新生态氧原子也具有很高的氧化活性。

除铂、金、铱、氟以外，臭氧几乎可以与元素周期表中的所有元素反应。臭氧可以与 K、Na 反应生成氧化物或氢氧化物；臭氧可以将过渡金属元素氧化到较高或最高氧化态，形成更难溶的氧化物，人们常利用此性质去除污水中的 Fe^{2+}、Mn^{2+} 及 Pb^{2+}、Ag^+、Cd^{2+}、Ni^{2+}、Hg^+ 等重金属离子。此外，可燃物在臭氧中燃烧比在氧气中燃烧更猛烈，可获得更高的温度。

在水溶液中，臭氧和化合物（M）的反应有两种方式：臭氧分子直接进攻的反应和臭氧分解形成自由基的反应。

（1）臭氧分子直接进攻的反应

臭氧分子的结构呈三角形，中心氧原子与其他两个氧原子的距离相等，在分子中有一个离域 π 键，臭氧分子的特殊结构使它可以作为偶极试剂、亲电试剂及亲核试剂，臭氧与有机物的反应大致分为 3 类。

1）打开双键，发生加成反应。由于臭氧分子具有一种偶极性结构，因此可以同有机物的不饱和键发生 1，3-偶极环加成反应，形成臭氧氧化中间产物，并进一步分解成醛、酮等羰基化合物和 H_2O_2。

例如：

$$R_2C = CR_2 + O_3 \longrightarrow R_2C \overset{OOH}{\underset{G}{\diagdown}} \quad + R_2C = O$$

式中，G 代表 OH、OCH_3、$\overset{OOCH_3}{\underset{O}{\parallel}}$ 基。

2）亲电反应。亲电反应发生在分子中电子云密度高的点。对于芳香族化合物，当取代基为给电子基团（—OH、—NH_2 等）时，与它邻位或对位的 C 具有高的电子云密度，臭氧氧化反应发生在这些位置上；当取代基是得电子基团（如—COOH、—NO_2 等）时，臭氧氧化反应比较弱，发生在这类取代基的间位碳原子上，臭氧氧化反应的产物为邻位和对位的羟基化合物。如果这些羟基化合物进一步与臭氧反应，则形成醌或打开芳环，形成带有羧基的脂肪族化合物。

3）亲核反应。亲核反应只发生在带有得电子基团的碳上。分子臭氧的反应具有极强的选择性，仅限于不同芳香族或脂肪族化合物或某些特殊基团上发生。

(2) 臭氧分解形成自由基的反应

溶解性臭氧的稳定性和 pH、紫外光照射、臭氧浓度及自由基捕获剂浓度有关。臭氧分解决定了自由基的形成，并导致自由基反应的发生。

根据 Hoigné、Staehelin 和 Bader 机理，臭氧分解反应以链反应方式进行，包括下面的基本步骤，其中，方程式（4-18）为引发步骤，方程式（4-20）～方程式（4-24）为链传递反应，方程式（4-25）和方程式（4-26）为终止反应。自由基引发反应是速率决定步骤，另外，羟基自由基（·OH）生成过氧自由基（·O_2^- 或 ·HO_2）的步骤也具有决定作用，消耗羟基自由基的物质可以增强水中臭氧的稳定性。

$$O_3 + OH^- \xrightarrow{k_1} \cdot HO_2 + \cdot O_2^- \tag{4-18}$$

$$\cdot HO_2 \xrightarrow{k'_1} \cdot O_2^- + H^+ \tag{4-19}$$

$$O_3 + \cdot O_2^- \xrightarrow{k_2} \cdot O_3^- + \cdot O_2 \tag{4-20}$$

$$\cdot O_2^- + H^+ \xrightarrow{k_3} \cdot HO_3 \tag{4-21}$$

$$\cdot HO_3 \xrightarrow{k_4} \cdot OH + O_2 \tag{4-22}$$

$$\cdot OH + O_3 \xrightarrow{k_5} \cdot HO_4 \tag{4-23}$$

$$HO_4 \xrightarrow{k_6} \cdot HO_2 + O_2 \tag{4-24}$$

$$\cdot HO_4 + \cdot HO_4 \xrightarrow{k_7} \cdot H_2O_2 + O_3 \tag{4-25}$$

$$\cdot HO_4 + \cdot HO_3 \xrightarrow{k_8} \cdot H_2O_2 + O_3 + O_2 \qquad (4\text{-}26)$$

根据 Gorkon，Tomiyasn 和 Futomi 机理，臭氧分解反应包括了一个两电子转移过程或一个氧原子由臭氧分子转移到过氧化氢离子的过程，反应步骤如下：

$$O_3 + OH^- \xrightarrow{k_9} HO_2 + O_2 \qquad (4\text{-}27)$$

$$HO_2^- + O_3 \xrightarrow{k_{10}} O_3^- + \cdot HO_2 \qquad (4\text{-}28)$$

$$\cdot HO_2 + OH^- \xrightarrow{k_{11}} \cdot O_2^- + \cdot H_2O_2 \qquad (4\text{-}29)$$

$$O_3 + \cdot O_2^- \xrightarrow{k_{12}} \cdot O_3^- + O_2 \qquad (4\text{-}30)$$

$$\cdot O_3^- + H_2O \xrightarrow{k'_{12}} \cdot OH + O_2 + OH^- \qquad (4\text{-}31)$$

$$\cdot O_3^- + \cdot OH \xrightarrow{k_{13}} \cdot O_2^- + \cdot HO_2 \qquad (4\text{-}32)$$

$$\cdot O_3^- + \cdot OH \xrightarrow{k_{14}} O_3 + OH^- \qquad (4\text{-}33)$$

$$\cdot OH + O_3 \xrightarrow{k_{15}} \cdot HO_2 + O_2 \qquad (4\text{-}34)$$

$$\cdot OH + CO_3^{2-} \xrightarrow{k_{16}} OH^- + CO_3^- \qquad (4\text{-}35)$$

$$CO_3^- + O_3 \xrightarrow{k_{17}} 产物 （CO_2 + O_2^- + O_2） \qquad (4\text{-}36)$$

3. 毒性

高浓度臭氧是有毒气体，对眼及器官有强烈的刺激作用。正常大气中臭氧的浓度为 $1\times10^{-8} \sim 4\times10^{-8}$ mg/m³，当浓度达到 $1\times10^{-6} \sim 4\times10^{-6}$ mg/m³ 时可引起头痛、恶心。

4. 腐蚀性

臭氧具有腐蚀性，因此与之接触的容器、管路等均应采用耐腐蚀材料或做防腐处理，耐腐蚀材料可用不锈钢或塑料。

4.2 臭氧氧化的作用

4.2.1 去除嗅味

水的嗅味主要由腐殖质等有机物、藻类、放线菌和真菌及过量投氯引起，现已查明主要致臭物有土臭素、2-甲基异冰片、2，4，6-三氯回香醚等。虽然水中异臭物质的阈值仅为 0.005 ~ 0.01 μg/L;但臭氧去除嗅味的效率非常高,一般 1 ~ 3 mg/L 的投加量即可达到规定阈值。美国洛杉矶水厂近 10 年的运行经验证实了预臭氧氧化控制饮用水异臭的有效性(张金松和黄红杉,2001)。混凝沉淀后加臭氧氧化可使土臭素和 2-甲基异冰片等异臭味物质浓度降低 85% 左右,再加生物活性炭处理则可达到 100% 的去除率。

大量的研究结果表明臭氧在水中通过极其复杂的自由基链锁反应(radical chain reaction)发生自我分解生成具有很强氧化能力的羟基自由基(·OH)。因此,臭氧反应过程中起作用的不仅仅是臭氧分子,还有其自我分解产物的·OH。试验表明异臭味物质的臭氧反应可近似地表示为下述一级反应:

$$\frac{dC}{dt} = -KC \tag{4-37}$$

式中,C 为浓度;K 为一级反应速率系数;t 为某一时刻。

反应速率系数与臭氧分子浓度 [O_3] 羟基自由基浓度 [·OH] 有关,可以表示为

$$K = K_1[O_3] + K_2[\cdot OH] \tag{4-38}$$

试验研究结果表明在臭氧投加量一定的条件下,一级反应速率系数 K 值受 pH 的影响较大,pH 从弱酸性的 5.9 增加到弱碱性的 8.1 时,反应速率增大 3 ~ 4 倍。其原因在于臭氧的自我分解链锁反应是从臭氧分子与氢氧根的反应开始的,该反应受水的 pH 影响很大。同时在臭氧氧化去除水中异臭味物质的过程中起主要作用的是·OH 而不是臭氧分子本身。在 pH 为 5.9 的条件下·OH 的作用占 70% 左右,而在中性 pH 为 7.0 的条件下,其作用已占 90% 左右,pH 继续升到 8.1 时则为 92%。一般情况下,异臭味物质的去除速度近似地与水中羟基自由基浓度和异臭味物质浓度的乘积成正比(王晓昌,1998)。

一般原水中的异臭味物质浓度最高也是在 μg/L 量级。但是,水中共存的有机物浓度多在 mg/L 量级,远远高于异臭味物质的浓度。这些共存的有机物也会和臭氧发生反应,从而对异臭味物质的去除产生影响。然而,一些实验中发现当水中共存的有机物是腐殖酸,而其浓度又不很高(低于 3 mg/L)时,异臭味物质的去除速度反而加快。只有当腐殖酸浓度继续增高(高于 3 mg/L)后,异臭味物质的去除速度才明显地减慢。对这种现象的一种解释是低浓度腐殖酸不会消耗太多的臭氧,相反能促进臭氧自我分解,生成更多羟基自由基,从而有利于异臭味物质的去除。但这种解释不能从臭氧自我分解的自由基链锁反应机理中找到根据。因此不能排除另一种可能性,即腐殖酸、臭氧反应的某些中间产物与异臭味物质之间的作用。

4.2.2 去除有机物

臭氧氧化去除有机物的直接功效可以体现在 TOC 的去除方面。多数试验和水厂运行实践表明，臭氧氧化前后水的 TOC 浓度基本上不发生变化或变化甚微，但是高浓度臭氧条件下进行长时间臭氧氧化可以较大幅度地去除 TOC。例如，当 TOC 与投加臭氧量的摩尔比从 1:1 增加到 1:2 或 1:3 时，TOC 的去除率可从 11% 增加到 20% 或 40%，条件是接触时间在 100 min 以上。

以静态实验为例，对用 3 种腐殖酸配制的原水进行臭氧氧化反应实验，在不同时刻取样测定处理水 TOC 值，其结果如图 4.3 所示。TOC 浓度用 TOC/TOC_0 表示，TOC_0 为原水 TOC 浓度。图 4.3 的结果说明，随着反应时间的延长，不论对哪种腐殖酸，处理水的 TOC 浓度基本上保持不变。也就是说，臭氧并不能将腐殖酸这样的有机物彻底氧化为无机物。

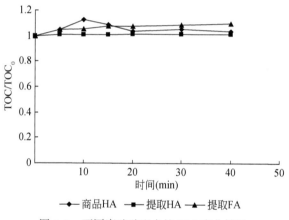

图 4.3　不同腐殖酸配水的 TOC 变化情况

原水在 254 nm 紫外吸光度值 UV_{254} 能够间接反映水中溶解性紫外线吸收物质浓度的变化规律。在此处的紫外吸收物质主要有带共轭结构或含有芳香结构的不饱和有机物。UV_{254} 是表示水中有机物浓度的一个指标，但该吸光度值与有机物的官能团构造有关。一般认为 UV_{254} 代表含不饱和双键和苯环的有机物，它们对紫外光有较强的吸收作用。与图 4.3 相应的处理水的 UV_{254} 的变化情况如图 4.4 所示。从图中可以看出，不论哪种腐殖酸，随着臭氧反应接触时间的延长，UV_{254} 降低很快，20 min 后基本上达到稳定值，三种腐殖酸（商品 HA、提取 HA、提取 FA）的最终去除率依次为 81.6%、69.6% 和 51.1%。与 TOC 的变化规律相比可知，尽管经臭氧氧化后水中对紫外光具有吸收性的有机物，即具有非饱和构造的有机物，浓度大幅度降低，但水中由 TOC 代表的有机物总量并未发生变化，说明臭氧并不能将腐殖酸这样的有机物彻底氧化为无机物，而主要是改变了有机物的构造和性质。

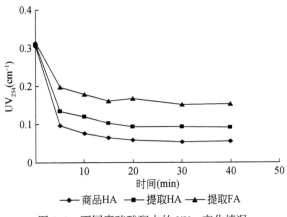

图 4.4 不同腐殖酸配水的 UV_{254} 变化情况

4.2.3 消毒

同其他消毒剂一样，臭氧对微生物的作用可概括为"灭活"（inactivation）。臭氧以其强烈的氧化作用可以直接损伤细菌和微生物的细胞壁。根据奇克（Chick）法则，可将微生物的灭活过程用下列一级反应方程来表示：

$$\frac{\mathrm{d}N}{\mathrm{d}t} = -KN \tag{4-39}$$

式中，N 为微生物浓度，mg/L；K 为一级反应系数；t 为反应时间。

方程式（4-39）的积分形式为

$$\ln \frac{N_t}{N_0} = -Kt \tag{4-40}$$

式中，N_0 和 N_t 分别为微生物的初始浓度和 t 时刻的浓度。

设反应速率系数与消毒剂浓度 c 成正比，即 $K = ac$，其中，C 为消毒剂浓度，mg/L，并将方程式（4-40）用常用对数表示，则

$$\lg \frac{N_t}{N_0} = -0.434act \tag{4-41}$$

考虑达到99%灭活所需的消毒剂浓度和接触时间，则有 $N_t/N_0 = 0.01$，代入方程式（4-41）得到

$$C_{t99\%} = \frac{4.6}{a}$$
(4-42)

式中，$C_{t99\%}$ 为 99% 灭活所需的消毒剂浓度与接触时间的乘积；a 为与消毒剂对微生物灭活力有关的特征值。表 4.5 列出了几种常用消毒剂对各种微生物的 $C_{t99\%}$ 值。由表 4.5 可看出，不同消毒剂的抵抗力各不相同。若将臭氧与自由性氯作比较，它们对于大肠杆菌的灭活效果相差不大，所需的 $C_{t99\%}$ 基本上在同一数量级；但对于脊髓灰质炎病毒 1 号（Polio 1）和轮状病毒（Rotavirus），臭氧的 $C_{t99\%}$ 要比氯大约小 1 个数量级；而对于贾第虫和隐孢子虫，差别则为 2～3 个数量级。由此可见，臭氧对病原性寄生虫的灭活能力非常高。一般来说，消毒剂的实用浓度多在 100 量级，从表 4.5 所示的 $C_{t99\%}$ 值可以推算出所需消毒接触时间的大致范围。若用氯消毒，去除贾第虫所需的接触时间要几十乃至上百分钟，去除隐孢子虫则需上千分钟，这样长的接触时间在实际水处理过程中是很难实现的，所以说氯消毒对这些病原性寄生虫几乎无济于事，只能考虑采用臭氧这样的强氧化剂才能达到处理的目的。

表 4.5　几种消毒剂对各种微生物的 $C_{t99\%}$ 值　（单位：min）

微生物种类	消毒剂			
	自由性氯 pH 6～7	氯胺 pH 8～9	二氧化氯 pH 6～7	臭氧 pH 6～7
大肠杆菌	0.034～0.045	95～180	0.4～0.75	0.02
脊髓灰质炎病毒 1 号	1.1～2.5	768～3740	0.2～6.7	0.1～0.2
轮状病毒	0.01～0.05	3860～6476	0.2～2.1	0.006～0.06
噬菌体 f 2	0.08～0.18	—	—	—
贾第虫 lamblia 孢囊	47～150	2200	26	0.5～0.6
贾第虫 muris 孢囊	30～630	1400	7.2～18.5	1.8～2.0
隐孢子虫	7200	7200	78	5～10

消毒剂浓度和接触时间的乘积作为衡量消毒效果的指标得到广泛的运用。但是由于该指标是在假定消毒过程符合一级反应的条件下建立的，所以它也有局限性。一些实验结果表明臭氧对大肠杆菌噬菌体的消毒反应在一级反应以上。为保证消毒处理的可靠性，针对特殊微生物的消毒设备的设计应辅以必要的实验研究。

在臭氧消毒过程中起主要作用的是臭氧分子本身，而不是其自我分解产物的羟基自由基。因此，pH 过高对臭氧处理不利。这与 4.2.1 节所述的异臭味物质的臭氧氧化所需的最佳 pH 条件不同。

4.2.4 改善生化性

在臭氧氧化过程中，臭氧同有机物发生了复杂的化学反应，不稳定的臭氧分子在水中很快发生链式反应，生成对有机物起主要作用的羟基自由基，将非饱和有机物氧化成饱和有机物，将大分子有机物分解成小分子有机物。由 4.2.2 节的讨论可以知道，臭氧一般很难直接将有机物彻底氧化为无机物，经臭氧氧化后 TOC 的变化并不明显，只能将很少一部分有机物氧化去除。但臭氧氧化对水中有机物的结构和性质，有机物的分子量分布、亲水性、憎水性都有一定的影响。

对原水和不同臭氧氧化历时的处理水进行高效液相色谱（high performance liquid chromatography，HPLC）分析测定有机物分子量的改变情况。以提取腐殖酸为例，其臭氧氧化前后液相色谱图如图 4.5 所示。由图 4.5 可知提取腐殖酸原水的表观分子量分布均主要集中于 1000 ~ 6000 Da。经臭氧氧化处理后，一个显著的特点是保留时间短，即分子量大的峰相对降低或消失；而保留时间长，即分子量小的峰相对升高，尤其在臭氧氧化 30 min 后，分子量小于 1000 Da 的峰明显增多，说明臭氧氧化的一个重要作用是将大分子有机物转化为小分子有机物。

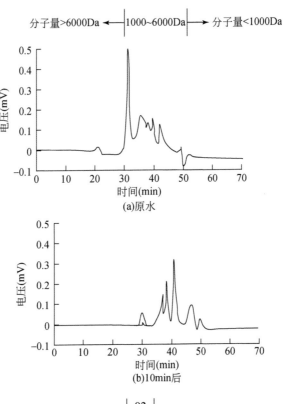

(a)原水

(b)10min后

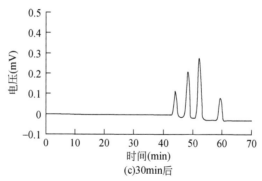

图4.5　臭氧氧化前后腐殖酸的分子量分布变化

一般认为水中具有不饱和构造的烯键、炔键和芳香族单环、缩环容易与臭氧发生反应，其分解产物多为脂肪酸类。图4.6为臭氧氧化前后水中有机物的热裂解—GC-MS分析结果。如图4.6（a）所示，原水中GC-MS图谱中峰数最多，且以苯环为主结构的峰最多，其成分主要是以苯环结构为主的芳香类有机物，苯环上的主要官能团包括酮、酯、羧酸、醛、酚等，经臭氧氧化后［图4.6（b）］，水中有机物以羧酸、醇、胺、酯、醚、酰、烷烃类有机物为主，说明经过臭氧氧化和过氧化氢催化氧化，水中有机物的结构发生了较大变化，一些复杂的芳香族有机物被氧化分解为简单的含氧链状类有机物。其中，羧酸类产物和含羟基类产物明显增加，而且这类产物主要是在一些链状有机物上，形成脂肪酸及醇类物质。

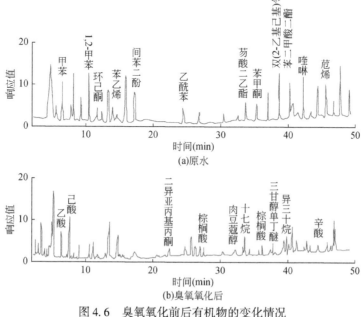

图4.6　臭氧氧化前后有机物的变化情况

从图 4.6 结果可以知道，由于臭氧氧化反应的生成物仍然是有机物，因此水中的 TOC 浓度当然不能得到显著降低，但是，臭氧氧化使有机物大分子上的不饱和键被打破，成为饱和键构造的有机物，这类有机物对紫外光的吸收性能将减弱，从而使 UV_{254} 值显著降低。

臭氧氧化后随着有机物分子量的降低，亲水性的改善，羟基、羰基、羧基所占比例的增大，有机物的生化降解性得到明显改善。Goel 等（1995）对多种水源的臭氧氧化试验结果表明，天然有机物中可生化降解 TOC 的比例随臭氧投加量显著增大。大量研究表明，具有非饱和构造的有机物难以生物降解，而具有饱和构造的有机物则有较好的生物降解性。

可生物降解溶解性有机碳（biodegradable dissolved organic carbon，BDOC）是水中有机物中能被异养菌无机化的部分。它是水中细菌和其他微生物新陈代谢的物质和能量来源，包括其同化作用和异化作用的消耗。BDOC 含量越低，细菌越不易生长繁殖，反之，BDOC 越高，细菌越易生长繁殖，水中有机物越易被微生物利用降解，越易用生物处理技术去除。一般以 BDOC 衡量有机物的生物处理性。研究发现，臭氧处理虽不降低水中的 DOC，但是可以提高水中的 BDOC 浓度，这表明经臭氧处理后的水中有一部分生物不可降解的有机物被转变成为生物可降解物质。

以提高原水可生化性为目的的臭氧投加量存在一个寻优的问题。以生物可同化有机碳（assimilative organic carbon，AOC）计，臭氧提高了水中生物可降解物质的量，但是随着臭氧剂量提高则 AOC/O_3 的值呈下降趋势。臭氧投加量为 0.75 mg/L（$O_3/DOC \approx 0.3$）时，大概能够增加水中的 AOC 为 95 μg 乙酸碳/L——超过所能形成 AOC 最大值（170 μg 乙酸碳/L）的 50%，而臭氧投加量在 1.5~3 mg/L 时，水中的 AOC 浓度没有明显区别，也没有观察到臭氧对 AOC 的影响受季节控制。值得一提的是，低分子量有机物可生化性的显著提高需要更高的臭氧投加量（>4 mg O_3/mg TOC）。

图 4.7 为臭氧氧化后水中 BDOC 浓度的变化情况。从图 4.7 中可以看出，臭氧氧化后水中 BDOC 浓度明显升高，原水的 BDOC 浓度平均值为 0.725 mg/L，臭氧氧化后水的 BDOC 浓度为 1.917 mg/L（最大值达 324 mg/L），臭氧氧化后水中 BDOC 浓度与原水相比提高了 60%。以上分析结果表明臭氧能使水中有机物的可生化性得到大幅度提高，改善有机物的生化降解性。

4.2.5　改善混凝特性

近年来，人们对臭氧氧化作用研究较多，很多学者认为臭氧对地表水有一定

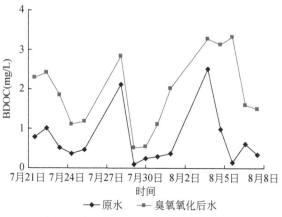

图 4.7　臭氧氧化前后 BDOC 的变化情况

的助凝作用，但在大多数情况下其助凝作用是在臭氧投加量较小时表现出来的。臭氧过高会导致出水浊度上升，即对于某一特定水质存在着一最佳投加量。研究表明，影响臭氧氧化助凝效果的主要因素是原水 TOC、硬度、臭氧氧化及混凝条件、藻类种属及数量、浊度。不同原水的臭氧氧化助凝效应差别较大，对于低 TOC 含量（2 mg/L），且硬度与 TOC 比值大于 25 mg CaCO$_3$/mg TOC 的原水较易发生微絮凝，混凝剂投加量主要受颗粒物控制，适宜的臭氧投加量为 0.5 mg O$_3$/mg TOC 左右；对中高 TOC 含量的原水进行臭氧氧化或者采用高臭氧量和 pH，则可能产生过多高电荷、小分子有机物，不利于改善混凝和过滤效果（Qasim，2000）。

臭氧氧化助凝的可能机理是增加水中含氧官能团有机物（如羧酸等）而使其与金属盐水解产物、钙盐等形成聚合体，降低无机颗粒表面 NOM 的静电作用，引起溶解有机物的聚合作用而形成具吸附架桥能力的聚合电解质，使稳定性高的藻类脱稳、产生共沉淀等。Reckhow 等（1986）提出，臭氧助凝可能存在以下 5 种作用机理：

1）臭氧氧化后羧基含量升高，使腐殖物质与钙、铝和镁等离子络合，使之在这些金属的沉淀物或絮体上的吸附倾向增大。

2）臭氧使吸附在无机胶体颗粒表面的有机物分子量降低、破坏有机涂层，从而减少空间阻碍或发生电中和。

3）臭氧可能会破坏有机物与金属离子间的作用键，使金属游离出来参与混凝。

4）臭氧使藻类破坏，释放出不同类型的生物聚体，起到助凝剂的作用。

5）臭氧对腐殖物质氧化后，使一些处于介稳状态的腐殖物质发生氧化聚合

（oxidation-ploymerization），从而降低其稳定性。

　　针对上述原理，提出了如图4.8所示的有机物混凝强化途径模式，其核心在于控制合理的氧化剂投加量，使水中胶体有机物芳香环上的羧基、羟基等含氧基团数量增加，使其易于与金属盐及其水解产物结合。如果氧化剂投加量过大，会使苯环开环甚至造成胶体态有机物碳化，不利于后续混凝工艺。

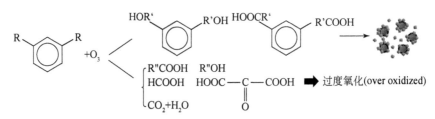

图4.8　有机物混凝强化途径

　　按以上有机物的强化混凝模式，对水中难以混凝的有机物进行臭氧氧化，评价其处理功效。图4.9为pH=5和pH=7两种典型pH下，在臭氧氧化10min后，ζ电位随混凝剂投加量增加而变化的情况。可以看出，当pH为酸性时，ζ电位达到等电点时所需的混凝剂投加量越小，也就是说pH=5比pH=7更容易达到等电点，而达到等电点后pH=7的ζ电位比pH=5时更高，说明其脱稳效果更好。对比臭氧氧化前后ζ电位的变化情况，在pH=5时，臭氧氧化后的ζ电位比未臭氧氧化的ζ电位易于达到等电点，而在pH=7时，臭氧氧化与未臭氧氧化几乎同时达到ζ电位等电点。同时，在pH=5和pH=7时，当ζ电位逆转后，臭氧氧化后的ζ电位均比未臭氧氧化（原水）直接混凝时高，说明臭氧氧化更加有利于胶体颗粒的凝聚。

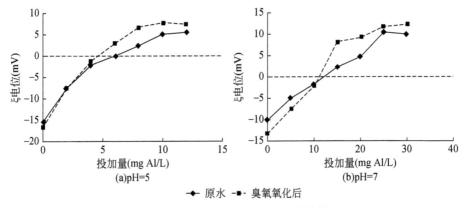

图4.9　ζ电位随混凝剂投加量的变化情况

UV$_{254}$是水中一些有机物在 254 nm 波长紫外光下的吸光度，反映的是水中有机物及含 C ═ C 双键和 C ═ O 双键的芳香族化合物的多少。图 4.10 为 UV$_{254}$随混凝剂投加量的变化情况，可以看出，经过臭氧氧氧化后，无论是 pH = 5 还是pH = 7，其 UV$_{254}$均明显小于未臭氧氧化的水样（即原水），这说明臭氧可以有效破坏水中有机物的苯环、C ═ C 双键等共轭结构，可有效改变有机物结构。

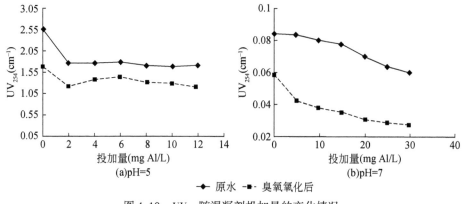

图 4.10　UV$_{254}$随混凝剂投加量的变化情况

图 4.11 为 TOC 随混凝剂投加量的变化情况，可以看出，对于 pH = 5 而言，臭氧氧化可以有效提高其后续混凝工艺的 TOC 去除效率，但对于 pH = 7 而言，臭氧氧化提高其混凝效率的幅度不大，同时，达到最佳 TOC 去除时，pH = 5 所需的混凝剂投加量比 pH = 7 时小，这主要与两者在不同 pH 条件下的作用机制不同有关。

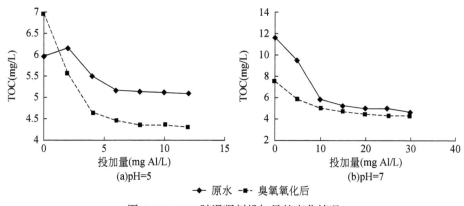

图 4.11　TOC 随混凝剂投加量的变化情况

针对滦河水，投加臭氧 1.0 mg/L，臭氧采用扩散板方式投加，混凝剂采用

FeCl$_3$，投加量为 5.0 ~ 12.0 mg/L，助凝剂采用 HCA（聚二甲基二烯丙苤氯化铵，poly dimethyl diallyl ammonium chloride），投加量为 0.1 ~ 0.2 mg/L，臭氧对混凝的效果影响结果如图 4.12 所示。很明显，在相同投加量下，臭氧氧化能显著降低气浮、过滤出水浊度。换言之，在保持相同的气浮、过滤出水浊度的条件下，臭氧氧化也能降低混凝剂的投加量。从臭氧氧化后不同 FeCl$_3$ 投加量的对比可以看出，对于沉淀出水浊度，臭氧氧化后不同 FeCl$_3$ 投加量对浊度影响明显，不同 FeCl$_3$ 投加量的出水浊度差别较大，规律性强，沉淀后浊度随 FeCl$_3$ 投加量增加而减小，臭氧氧化后 FeCl$_3$ 投加量为 5 mg/L 时和未经臭氧氧化 FeCl$_3$ 投加量为 7 mg/L 时基本相同，节约混凝剂为 29%；对于过滤后浊度，其趋势是臭氧氧化后过滤出水比未经臭氧氧化的滤后水浊度低，臭氧氧化后 FeCl$_3$ 投加量为 4 mg/L 时仍比未经臭氧氧化 FeCl$_3$ 投加量为 7 mg/L 时低，节约混凝剂 43% 以上（图 4.12）。

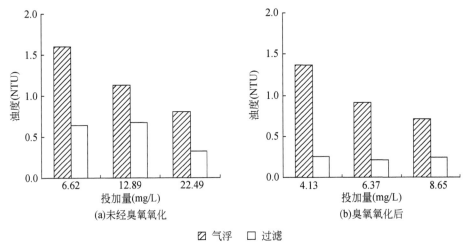

图 4.12　臭氧氧化对混凝工艺的影响

4.3　臭氧氧化在水处理工艺中的投加位置

臭氧氧化在水中的位置决定了臭氧在该工艺流程中的作用。图 4.13 所示的 3 种流程是近年来国外运用得比较多的自来水深度处理流程。3 种流程都是以常规的混凝—沉淀—过滤为骨架，不同之处在于导入臭氧和活性炭（多为生物活性炭）两个处理环节的位置不同。

流程 a 是在沉淀和过滤之间导入臭氧和活性炭处理。活性炭层的出水中往往含有微小碳粒和从活性炭颗粒表面的生物膜上脱落下来的微生物，这些杂质通过最后的砂滤池得以去除。为了提高过滤效率，在此之前进行了氯处理和二次混

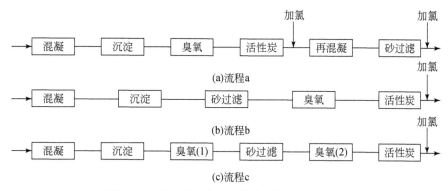

图4.13　臭氧在水处理工艺中不同的投加位置

凝。这一流程的出水水质容易得到保证，但臭氧的投加量往往较高。这是因为沉淀池出水中所有的有机物和其他还原物质都会消耗臭氧。

流程 b 是将臭氧和活性炭处理放在了砂滤池之后，由于砂滤池能够去除相当一部分消耗臭氧的物质，该流程所需的臭氧投加量要比流程 a 低。但是从活性炭层泄漏出的微碳粒和微生物有可能影响最终出水的水质，这就要求对活性炭层进行比较频繁的反冲洗。

流程 c 的特点是进行两级臭氧处理，即在砂滤池前后分两次注入臭氧，其余与流程 b 相同。砂过滤前的臭氧投加量较小，主要目的是提高砂滤池的过滤效率。

上述 3 种流程在微污染控制效果上并无大的差异，但决定流程时应充分考虑原水的水质。原水中悬浮性有机物含量较多时应采用先进行砂滤的方法，而原水中有引起砂滤池堵塞的生物存在时，臭氧处理环节以置于砂滤之前为宜。因此，确定方案之前必须进行可行性试验研究。

参 考 文 献

王晓昌. 1998. 臭氧用于给水处理的几个理论和技术问题. 西安建筑科技大学学报（自然科学版），30（4）：307-311.

张金松，黄红杉. 2001. 美国臭氧化技术在给水处理中的应用. 城镇供水，（3）：42-45.

Buxton G V, Greenstock C L, Helman W P, et al. 1988. Critical review of rate constants for reactions of hydrated electrons, hydrogen atoms and hydroxyl radicals in aqueous solution. Journal of Physics and Chemical Reference Data, 17：513-886.

Bühler R E, Staehlin J, Hoigné J, 1984. Ozone decomposition in water studied by pulse radiolysis 1. HO_2/O_2^- and HO_3/O_3^-. Journal of Chemical Physics, 88（22）：2560-2564.

Czapski G, Lymar S V, Schwarz H A. 1999. Acidity of the carbonate radical. Journal of Chemical Physics A, 103：3447-3450.

Elliot A J, Mccracken D R. 1989. Effect of temperature on O · reactions and equilibria：a pulse radiolysis study. International Radiation Physics and Chemistry, 33 (1): 69-74.

Elovitz M S, Gunten U V, Kaiser H P. 2000. Hydroxyl radical/ozone ratios during ozonation processes. II. the effect of temperature, pH, alkalinity, and DOM properties. Ozone Science and Engineering, 22: 123-150.

Forni L, Bahnemann D, Hart E J. 1982. Mechanism of hydroxide ion initiated decomposition of ozone in aqueous solution. Journal of Chemical Physics, 86: 255-259.

Goel S, Hozalski R M, Bouwer E J. 1995. Biodegradation of NOM: effect of NOM source and ozone dose. Journal of the American Water Works Association, 87 (1): 90-105.

Hoigné J, Bader H. 1979. Ozonation of water: oxidation competition values of different types of waters in Switzerland. Ozone Science and Engineering, 1: 357-372.

Hoigné J. 1998. Chemistry of aqueous ozone and transformation of pollutants by ozonation and advanced oxidation processes//Hubrec J. The Handbook of Environmental Chemistry Quality and Treatment of Drinking Water. Berlin: Springer.

Qasim S R. 2000. The effect of preozonation on microorganism and particle removal. Water Science and Technology, 41 (7): 9-16.

Reckhovo D A, Singer P C, Trussell R R. 1986. Ozone as a coagulant aid. Denver Proceeding American Water Works Association Seminar on Ozonation: Recent Advances and Research Needs.

Sehested K, Corfitzen H, Holcman J, et al. 1991. The primary reaction in the decomposition of ozone in acidic aqueous solutions. Environmental Science and Technology, 25: 1589-1596.

Sehested K, Corfitzen H, Holcman J, et al. 1998. On the mechanism of the decomposition of acidic O_3 solutions, thermally or H_2O_2-initiated. Journal of Chemical Physics, 102: 2667-2672.

Sehested K, Holcman J, Bjergbakke E, et al. 1984. Apulse radiolytic study of the reaction $OH + O_3$ in aqueous medium. Journal of Chemical Physics, 88: 4144-3147.

Sehested K, Holcman J, Hart E J. 1983. Rate constants and products of the reactions of e_{aq}^-, O_2^- and H with ozone in aqueous solutions. Journal of Chemical Physics, 87: 1951-1954.

Staehelin J, Buhler R E. 1984. Ozone decomposition in water studied by pulse radiolysis. 2. OH and HO_4 as chain intermediates. Journal of Chemical Physics, 88: 5999-6004.

Staehelin J. 1982. Decomposition of ozone in water: rate of initiation by hydroxide ions and hydrogen peroxide. Environmental Science and Technology, 16: 676-681.

Staehelin J. 1985. Decomposition of ozone in water in the presence of organic solutes acting as promoters and inhibitors of radical chain reactions. Environmental Science and Technology, 19: 1206-1213.

Stettler R, Courbat R, von Ggunten U, et al. 1984. Formation of ozone in the reaction of hydroxyl with O3- and the decay of the ozonide ion radical at pH 10-13. Journal Chemical Physics, 88: 269-273.

Tomiyasu H, Fukutomi H, Gordon G. 1985. Kinetics and mechanism of ozone decomposition in basic aqueous solution. InorganicChemistry, 24: 2962-2966.

Westerhoff P, Aiken G, Amy G, et al. 1999. Relationship between the structure of natural organic matter and its reactivity towards molecular ozone and hydroxyl radicals. Water Research, 33: 2265-2276.

|第5章| 污水处理厂二级出水有机物臭氧氧化特性研究

5.1 污水处理厂二级出水有机物臭氧氧化特性

5.1.1 臭氧氧化对污水处理厂二级出水水质的改变

表 5.1 为污水处理厂二级出水在不同臭氧投加量的情况下，臭氧氧化前后的水质变化。由表 5.1 可以看出，臭氧氧化后 UV_{254} 和 UV_{280} 均有了明显减小，且随着臭氧投加量的增加 UV_{254} 和 UV_{280} 的值逐渐降低。同时，臭氧氧化后污水处理厂二级出水的色度也随着臭氧投加量的增加而逐渐降低，当臭氧投加量为 0.98 mg O_3/mg DOC 时，色度的去除率已经达到 75% 左右，体现了臭氧良好的脱色性能。而臭氧氧化前后 TOC 变化不大，说明臭氧对有机物的矿化能力较弱。SUVA 是水样 UV_{254} 与 TOC 的比值，表示水中有机物的共轭不饱和性及芳香程度的指标。表 5.1 的结果表明，臭氧氧化后 SUVA 随臭氧投加量的升高逐渐降低，经过臭氧氧化后有机物的不饱和性及芳香程度得以降低，臭氧起到了改变有机物结构的作用，而污水处理厂二级出水中的生色物质正是一些不饱和且具有较高芳香程度的有机物，因此 SUVA 的降低一定程度上也就表明臭氧氧化后水中色度的降低。

表 5.1 污水处理厂二级出水臭氧氧化前后水质变化

参数	原水	臭氧投加量（mg O_3/mg DOC）		
		0.42	0.98	2.24
DOC（mg/L）	17.08±1.81	17.56±1.95	16.65±1.39	16.18±1.57
色度（c. u.）	2.86±0.03	1.83±0.03	0.73±0.01	0.57±0.01
UV_{254}（cm^{-1}）	0.135±0.005	0.105±0.003	0.077±0.002	0.061±0.003
UV_{280}（cm^{-1}）	0.111±0.003	0.078±0.003	0.055±0.001	0.042±0.001
SUVA（L/(mg·m)）	0.790±0.047	0.598±0.038	0.462±0.020	0.377±0.026

5.1.2 臭氧氧化对污水处理厂二级出水溶解性有机物荧光特性的改变

由图 5.1 可以看出，原水中主要存在两个峰，分别为 Ex/Em 225 nm/340 nm（峰 A）和 Ex/Em 350 nm/440 nm（峰 B）。研究表明荧光峰在 Ex/Em 300～380 nm/400～450 nm 认为是腐殖质类物质，而在 Ex/Em 220～250 nm/320～370 nm 的荧光峰为蛋白质类物质（Wang et al., 2015；Leenheer, 2009；Chen et al., 2003；Coble, 1996）。经过臭氧氧化后，这两种荧光峰的峰强明显减弱。在臭氧投加量为 0.42 mg O_3/mg DOC 时，臭氧就与污水处理厂二级出水中有机物具有荧光特性的基团发生了反应，破坏了该基团的结构。当投加量升至 0.98 mg O_3/mg DOC 时，峰 A 消失，可以推测在此投加量下蛋白质类荧光物质与臭氧发生了较为彻底的反应。当投加量为 2.24 mg O_3/mg DOC 时，峰 B 的位置发生了较为明显的蓝移，这是因为在臭氧投加量较大时，污水处理厂二级出水有机物中苯环及共轭键的数量减少。

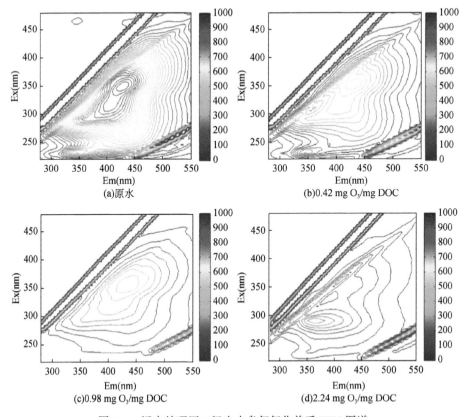

(a)原水

(b)0.42 mg O_3/mg DOC

(c)0.98 mg O_3/mg DOC

(d)2.24 mg O_3/mg DOC

图 5.1 污水处理厂二级出水臭氧氧化前后 EEM 图谱

5.1.3 臭氧氧化对污水处理厂二级出水溶解性有机物分子量分布的影响

采用荧光检测器, 根据图 5.1 所示 EEM 图谱, 选择检测激发波长和发射波长分别为 Ex/Em 355 nm/430 nm 及 Ex/Em 230 nm/340 nm 来表示腐殖质类物质及蛋白质类物质。由图 5.2 可以看出, 腐殖质类物质的分子量分布较为集中, 分子量主要分布在 500~1000 Da, 随着臭氧投加量的升高, 分子量分布并没有发生明显变化, 只是强度逐渐降低, 但是对于蛋白质类物质而言, 其分子量分布较为广泛, 在 0.01~100 kDa 均有分布, 当臭氧投加量提升至 0.98 mg O_3/mg DOC、2.24 mg O_3/mg DOC 时, 小分子蛋白质类物质对荧光检测器的响应明显降低, 几乎没有

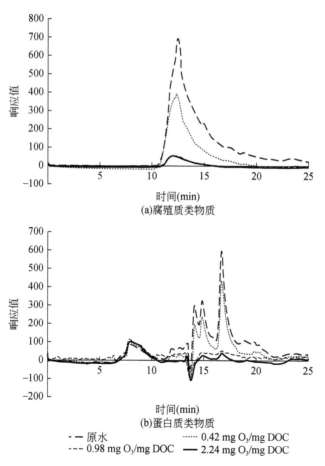

图 5.2 污水处理厂二级出水臭氧氧化前后有机物分子量分布

分布，而大分子蛋白质类物质的响应值变化较小。由此可知，臭氧在较大投加量时会优先与蛋白质类小分子物质发生反应，使其荧光强度降低。这与图5.1所示EEM图谱0.98 mg O_3/mg DOC时蛋白质类荧光峰的消失相一致。

为了解释臭氧与蛋白质类物质反应的这一现象，将污水处理厂二级出水原水进行凝胶色谱制备液相制备。如图5.3所示，将制备区域选择在A、B、C 3个区域，分别代表蛋白质类物质10~100 kDa、1~10 kDa、0.01~1 kDa 3个分子量分布区域，测定这3个分子量分布区域制备液的SUVA。由图5.4可以看出，分子量在0.01~1 kDa的制备液的SUVA值最大 [约为1.25 L/(mg·m)]，而分子量在10~100 kDa的制备液的SUVA值最小 [约为0.66 L/(mg·m)]。SUVA值越大，说明水中苯环及其他共轭结构的数量越多 (Gong et al., 2008)，而臭氧在与有机物的反应过程中会优先与苯环及其他一些共轭结构结合发生反应 (Westerhoff et al., 1999)。根据不同分子量制备液SUVA结果，臭氧会优先与0.01~1 kDa的小分子蛋白质类物质发生反应，从而解释了图5.2所示的结果。

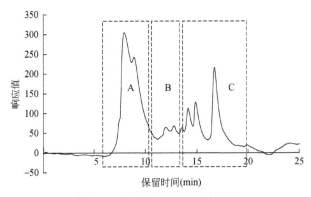

图5.3　制备液相制备区域分布

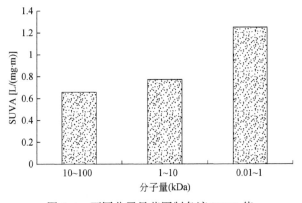

图5.4　不同分子量范围制备液SUVA值

5.1.4 臭氧氧化对污水处理厂二级出水溶解性有机物官能团组成的影响

为了进一步明确臭氧对污水处理厂二级出水溶解性有机物官能团性状的改变，利用光电子能谱得到了臭氧氧化前后碳元素 C1s 高分辨谱图。随后，采用 XPS Peak 软件对原始 XPS C1s 图谱进行高斯分峰拟合，结果如图 5.5 所示。由拟合结果中不同高斯峰的结合能可以看出，XPS 图谱中显示了污水处理厂二级出水溶解性有机物臭氧氧化前后的 4 种官能团，分别为苯环碳、脂肪碳、羰基碳、羧基碳（Lin et al.，2014；Monteil-Rivera et al.，2000）。根据高斯峰所占的比例，可以得到 4 种官能团的相对含量，结果如图 5.6 所示。污水处理厂二级出水原水中含有大量苯环结构，这也是污水处理厂二级出水 UV_{254} 及 SUVA 值较大的原因。随着臭氧投加量的升高，水中苯环类物质逐渐减少，脂肪类饱和有机物含量逐渐升高。当臭氧投加量大于 0.98 mg O_3/mg DOC 时，含氧官能团（羰基、羧基）的数量有所升高。由图 5.6 还可以看出，苯环结构极易与臭氧结合，在低臭氧投加量（0.42 mg O_3/mg DOC）时，苯环结构数量就有显著降低。

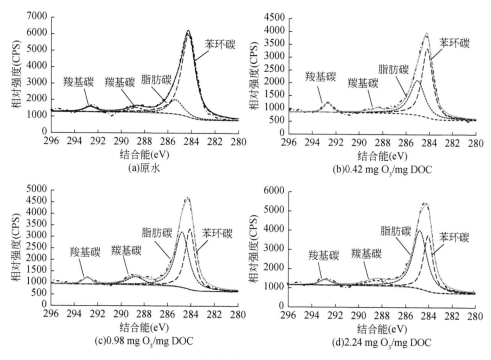

图 5.5 臭氧氧化前后 XPS C 1s 图谱

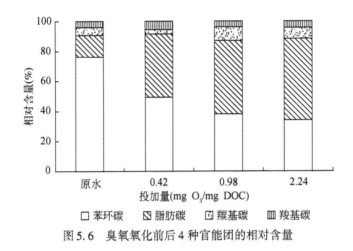

图 5.6 臭氧氧化前后 4 种官能团的相对含量

5.1.5 基于 PARAFAC 模型分析的臭氧氧化特性研究

1. PARAFAC 模型分析

PARAFAC 模型分析采用 MATLAB R2010a 中的 DOMFluor 工具箱 (Stedmon and Bro, 2008), 该工具箱首先将检测样本中的异常值去除, 随后进行数据导入、三维荧光图谱中拉曼及瑞利散射的去除。工具箱程序将通过一分为二法及残差分析法对样本进行 2 ~ 7 个组分的模型模拟, 最终确定适用于该样本的正确组分数, 完成 PARAFAC 模型的建立。

PARAFAC 模型分析将一个三维数据矩阵 X 分解为载荷矩阵 (得分矩阵) A、载荷矩阵 B 和 C。分解模型如式 (5-1) 所示:

$$x_{ijk} = \sum_{f=1}^{F} a_{if} b_{jf} c_{kf} + \varepsilon_{ijk} \qquad (5\text{-}1)$$

PARAFAC 模型解析三维荧光图谱时, 式 (5-1) 中, x_{ijk} 为第 i 个样品在第 j 个发射波长, 第 k 个激发波长处的荧光强度值; F 为因子数, 表示有实际贡献的独立荧光成分数, 也就是荧光图谱的实际组分数; a_{if}、b_{jf}、c_{kf} 分别为载荷矩阵 A、B、C 中的元素, 分别代表荧光组分浓度, 发射光谱和激发光谱; ε_{ijk} 为三线性模型用于最小化模型中的残差平方和 (residual sum of squares, RSS)。在经典 PARAFAC 模型算法中, 使用交替最小二乘法 (alternating least squares, ALS) 来实现三线性模型的分解。分解的目标是使损失函数, 即残差平方和达到最小。平行因子分析的分解是唯一的, 成功地解决了由于组分间化学结构相似导致的组分难辨别的问题（吕桂才等，2010）。

2. 样品荧光组分的确定

通过一分为二分析及残差分析，样品中荧光组分数得以确定。由图 5.7 可以看出，当组分数为 3 时，即式 (5-1) 中的 F 值为 3 时，其残差平方和明显小于组分数为 1 和 2 时的残差平方和，而当组分数大于 3 时，其残差平方和与组分数为 3 时相关不大，因此确定该 PARAFAC 模型的因子数为 3。

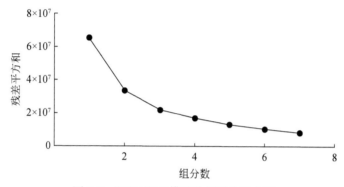

图 5.7　PARAFAC 模型分析残差平方和

通过 PARAFAC 模型的计算，其 3 个荧光组分的 EEM 图谱及激发、发射载荷如图 5.8 所示。由图 5.8 可以看出，组分 1 属于蛋白质类物质，组分 2 和组分 3 为腐殖质类物质（Murphy et al.，2011；Fellman et al.，2009），这 3 个荧光组分的荧光特征见表 5.2。其中，组分 1 在激发波长 290 nm 和 235 nm 处分别具有一个峰，该组分与 Stedmon 等 (2003) 研究中的组分 5 非常相似，该组分含有环状结构的色氨酸，与微生物代谢产物有关（Sharma and Schulman，1999），是污水处理厂二级出水中主要的成分之一（Nancy et al.，2013）。组分 2 在激发波长 350 nm 处有较强的峰，在激发波长 245 nm 处有非常弱的一个小峰，从发射波长的范围来看，其属于腐殖质类物质。有研究表明，该物质为陆源腐殖质类物质（Holbrook et al.，2006；Baker et al.，2001；Coble et al.，1998）。组分 3 同样具有 2 个峰，分别在激发波长 260 nm、400 nm 处，组分 3 同样为一种大分子陆源腐殖质类物质，在很多水环境中均有发现（Stedmon and Markager，2005），而组分 3 的发射波长与前 2 种组分相比均发生了红移，这说明组分 3 含有更多的苯环及其他共轭结构基团。

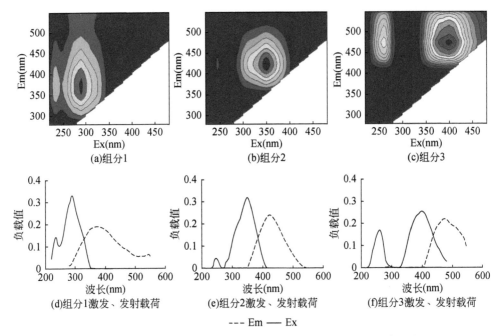

--- Em —— Ex

图 5.8　PARAFAC 模型鉴别出的 3 个荧光组分及其激发、发射载荷

表 5.2　3 个荧光组分的荧光特征　　　　　　　　（单位：nm）

组分	最大峰强激发波长	最大峰强发射波长	特性
1	290（235）	376	蛋白质类物质
2	350（245）	424	腐殖质类物质
3	400（260）	476	腐殖质类物质

注：括号中数据为第二高峰强对应的激发波长。

　　对比常规的三维荧光图谱分析和 PARAFAC 模型的分析结果可以看出，常规的三维荧光图谱分析方法得到的信息仅局限于峰的位置及强度等常规信息，而 PARAFAC 模型得到的结果更加丰富，可以得到组成荧光图谱的若干种物质及其相应的荧光特性，更有利于进行水样中不同组分有机物的反应特性、动力学规律及分子量分布特性等的进一步研究。

　　3. 臭氧与荧光组分的反应特性

　　3 个荧光组分与臭氧的反应特性可以通过其 EEM 图谱中的荧光强度最大值 F_{max} 来表征。由图 5.9 可以看出，在原水中腐殖质类物质组分 2 的荧光强度最大，在 0.42 mg O₃/mg TOC 的臭氧投加量下，其荧光强度迅速减弱，组分 1 和组分 3

在低臭氧投加量下与臭氧反应后荧光强度均有减小，但减小幅度小于组分2，其中大分子的腐殖质类物质组分3的减少幅度最小，这说明了在低臭氧投加量下组分2会优先与臭氧反应，使其荧光强度迅速降低。当臭氧投加量小于0.98 mg O_3/mg TOC 时，随着臭氧投加量的增加，组分1和组分2的荧光强度均有较大幅度降低，而组分3虽有降低，但降低不明显。投加量为2.24 mg O_3/mg TOC 时，3种组分的荧光强度变化不大，说明此时3个荧光组分中大部分易于与臭氧反应的荧光基团的结构已经发生了改变。

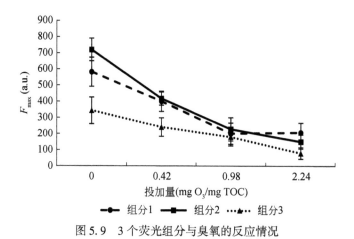

图5.9　3个荧光组分与臭氧的反应情况

基于以上3个荧光组分物质与臭氧反应情况，通过一级动力学模型拟合来表征3个荧光组分去除的动力学规律，结果如图5.10所示，由图5.10可知，组分2和组分3可以较好地用一级动力学模型来表征，而对于组分1而言，其拟合效

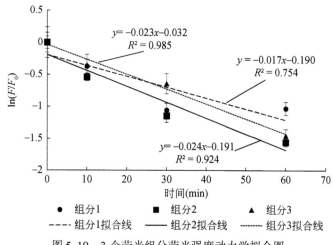

图5.10　3个荧光组分荧光强度动力学拟合图

果不是很好，这是因为组分 1 在投加量为 2.24 mg O_3/mg TOC 时，其荧光强度与 0.98 mg O_3/mg TOC 相比几乎不变，这使得组分 1 的一级动力学拟合在较大投加量时不能很好表征。图 5.10 与图 5.9 的分析结果一致，由图 5.10 的结果可以看出，腐殖质类物质组分 2 与臭氧的反应速率最快，进一步说明了在低臭氧投加下组分 2 会优先与臭氧反应，使其荧光强度迅速降低。

4. 荧光特性与水质指标线性回归分析

图 5.11 为荧光特性与各水质指标的线性回归分析图，线性回归相关性总结于表 5.3 中，由表 5.3 可以看出，对于 3 个荧光组分组分而言，TOC 与其荧光特性的相关性很差，也就是说 TOC 与各个组分的荧光特性的关系不大，而 3 个荧光组分 F_{max} 值与色度、UV_{254} 及 UV_{280} 具有很好的线性关系，其中组分 1 和组分 2 与这 3 项水质指标的 R^2 均在 0.95 以上，因此，污水处理厂二级出水经臭氧氧化后，组分 1 和组分 2 荧光强度的降低可以很好地解释水质臭氧氧化对色度、UV_{254}、UV_{280} 的去除。

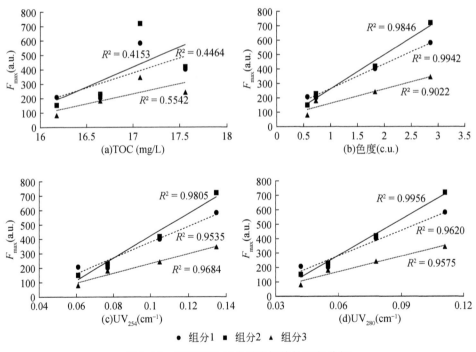

图 5.11 荧光特性与水质指标线性回归分析

表 5.3　荧光特性与水质指标线性回归分析结果

组分	R^2			
	TOC	色度	UV$_{254}$	UV$_{280}$
1	0.446	0.994	0.953	0.962
2	0.415	0.985	0.981	0.996
3	0.554	0.902	0.968	0.958

5.2　臭氧氧化对污水处理厂二级出水溶解性有机物分级表征的影响

5.2.1　臭氧氧化对污水处理厂二级出水组分组成的影响

图 5.12（a）为臭氧氧化前后污水处理厂二级出水溶解性有机物的变化情况。对于臭氧投加量为 0.42 mg O$_3$/mg DOC 时，HOA 和 HOB 的 DOC 含量几乎没有变化，但是，HON 的 DOC 含量降低幅度很大，HI 的 DOC 含量升高。从图 5.12（a）还可以看出，HOA 的 DOC 随着臭氧投加量的提高逐渐降低，而 HI 逐渐升高。另外，HOB 和 HON 在投加量大于 0.42 mg O$_3$/mg DOC 时，DOC 含量相对稳定。由图 5.12（a）可以推断 HOA 和 HON 经过臭氧氧化后向 HI 转化，使 HI 的 DOC 含量升高。Marhaba 等（2000）、Świetlik 等（2004）及 Molnar 等（2013）也曾经有类似报道。根据 Chiang 等（2009）的研究结果，臭氧氧化会使大分子有机物结构发生改变，提高有机物极性和酸性官能团的含量，从而解释了 HI 的 DOC 含量增加的原因。在原水和臭氧氧化后水样的分级过程中，DOC 在洗脱过程中会有一定程度的损失，这是因为有机物物理性质和化学性质的改变造成有机物在树脂上的不可逆吸附。

图 5.12（b）为臭氧氧化前后污水处理厂二级出水 UV$_{254}$ 的变化情况，总体而言，有机物组分的 UV$_{254}$ 值在臭氧氧化后普遍减小，臭氧氧化对于不饱和结构的破坏是因为臭氧分子的亲电反应（Zhang et al., 2008a）。与 DOC 含量的变化相同，HON 的 UV$_{254}$ 值在 0.42 mg O$_3$/mg DOC 投加量时有大幅降低。但是，随着臭氧投加量的进一步提高，HON 的 UV$_{254}$ 值基本保持稳定。对于其他 3 个组分而言，UV$_{254}$ 值随着臭氧投加量的提高而降低，HOA 的 UV$_{254}$ 值降低速率最快，而 HOB 和 HI 的 UV$_{254}$ 降低速率一般。DOC 和 UV$_{254}$ 值的变化均说明 HOA 和 HON 主要在小投加量时（0.42 mg O$_3$/mg DOC）降低较为明显。但是，它们的反应特性

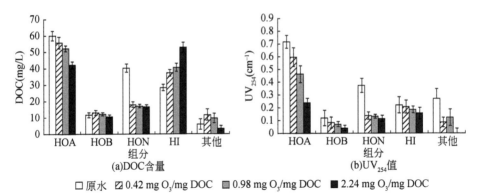

图 5.12　污水处理厂二级出水臭氧氧化前后组分的变化

在投加量大于 0.42 mg O_3/mg DOC 时呈现出不同的性质，可能是由 HOA 和 HON 的特性引起的，这将会在 5.2.2 节叙述。

根据相关文献，疏水性组分经过消毒后产生三卤甲烷类消毒副产物的概率比亲水性组分大（Galapate et al., 2001；Kitis et al., 2001）。但是，亲水性组分在消毒过程中很容易与溴结合形成溴化类的消毒副产物，如一溴二氯甲烷和二溴一氯甲烷。由图 5.12 可以看出，随着臭氧投加量的提高，疏水性组分含量有所降低，而亲水性组分含量升高。为了确保回用水的安全，不建议使用过高的臭氧投加量，因为过高的臭氧投加量会造成大量溴化类的消毒副产物的生成，这类消毒副产物具有很强的致癌性。因此，污水深度处理中适合选用低的臭氧投加量（0.42 mg O_3/mg DOC），这是因为 HON 降低十分明显，而 HOA 和 HOB 含量几乎不变，同时，HI 的含量只有些许增加。因此，三卤甲烷生成势在低的臭氧投加量下可以得到控制，而且溴化类三卤甲烷消毒副产物生成势也不会升高。

为了得到 HOA 和 HON 在低投加量时（0.42 mg O_3/mg DOC）的转化途径，首先通过 XAD-8 大孔吸附树脂进行分离得到两种组分。两种组分随后分别利用臭氧氧化 1min、2min、3min、4min、5min。氧化后的样品再一次经过 XAD-8 大孔吸附树脂分离来确定 2 种组分如何向 HOA、HOB、HON 和 HI 转化，实验结果如图 5.14 所示。由图 5.13（a）可以看出，在 5 min 的臭氧氧化过程中，HOA 逐渐向 HON 转化，另外，臭氧氧化又使 HON 向 HI 转化 [图 5.13（b）]。因此，可以推测 HOA 会首先向 HON 转化，随后，HON 进一步转化为 HI。所以，HI 在小投加量时会增加。随着臭氧投加量的提升，HOA 不断向 HON 转化，HON 紧接着向 HI 转化，使 HOA 的含量逐渐减少。

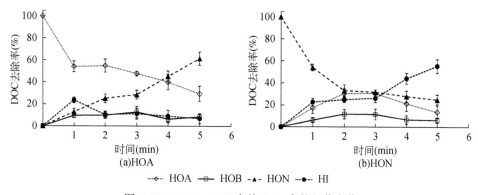

图 5.13　HOA、HON 在前 5min 内的组分变化

5.2.2　污水处理厂二级出水不同组分荧光特性的改变

由图 5.14 可以看出，除了 HI 中蛋白质类物质在投加量为 0.42 ± 0.09 mg $O_3/$ mg DOC 时荧光强度有所增加，臭氧氧化后 4 种组分的荧光强度总体上均有所降低。臭氧易于与苯环物质发生反应，改变苯环物质的结构。根据 Uyguner 和 Bekbolet（2005）及 Świetlik 和 Sikorska（2004）的研究结果，荧光强度的降低说明有机物的苯环结构的减少或者改变及易于得电子的官能团（如—COOH）在苯环上的数量有所增加。对于 4 种组分而言，在臭氧投加量为 0.98 ± 0.11 mg $O_3/$mg DOC 时，蛋白质类物质荧光强度均有明显降低。此外，在投加量为 0.42 ± 0.09 mg $O_3/$mg DOC 时，HOA 的荧光强度降低幅度很小。但是，腐殖质类物质在投加量为 0.98 ± 0.11 mg $O_3/$mg DOC 时有明显降低。在最小的投加量时，HON 荧光强度就有明显降低，这与 HON 在 0.42 ± 0.09 mg $O_3/$mg DOC 时 DOC 的明显降低一致（图 5.12）。对于 HI 而言，荧光强度的变化与疏水性组分的变化规律不同，HI 中蛋白质类物质荧光强度在臭氧投加量最小时有所升高。Zhang 等（2008b）的研究结果表明，疏水性组分经过臭氧氧化后会生成亲水性含苯环的氨基酸官能团，Świetlik 和 Sikorska（2004）指出亲水性含苯环的氨基酸官能团的生成是由于大分子蛋白质类物质在臭氧氧化过程中的分解所致，新生成的这类物质具有亲水的性质，在低臭氧投加量时增加了蛋白质类物质的荧光强度。随着臭氧投加量的升高，HI 中腐殖质类物质变化很小，这是由于腐殖质类物质的氧化速率和从 HOA 及 HON 中转化的腐殖质类物质之间达到了一种动态互补平衡。

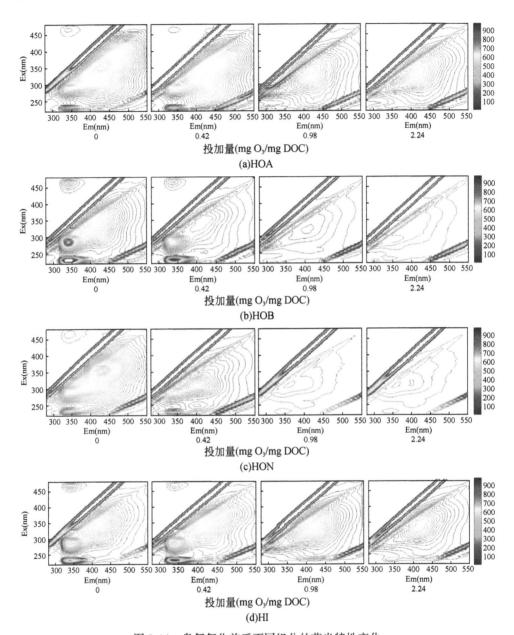

图 5.14　臭氧氧化前后不同组分的荧光特性变化

　　除了荧光物质荧光强度的改变，臭氧氧化也会引起污水处理厂二级出水溶解性有机物荧光峰位置的改变。在低投加量时，臭氧氧化使 HOA 和 HON 中腐殖质类物质的荧光峰的激发波长和发射波长均有一定程度蓝移，荧光峰发生蓝移说明苯环类结构转化为结构简单的物质或者 π 电子体系减少，如苯环及直链上共轭键数量的减少（Liu et al., 2011）。另外，EEM 图谱中蛋白质类物质没有发生任何的红移和蓝移现象，如图 5.14 所示。

5.2.3 不同组分臭氧氧化前后分子量分布特性

由图 5.15 可以看出，HOA、HOB 和 HON 的分子量分布在臭氧氧化后趋于单一，一些液相峰在臭氧氧化过程中消失，特别是分子量低于 1000 Da 的物质。但是，HI 在臭氧氧化过程中没有液相峰的消失或者增加，只是响应值在臭氧投加量最高时整体降低。对于蛋白质类物质而言，由图 5.16 可以看出，在低臭氧投加量时，除了响应值的降低，臭氧氧化对 HOA、HOB 和 HON 的分子量分布没有影响。HOA、HOB 和 HON 分子量分布在臭氧投加量大于 0.98 mg O_3/mg DOC 时趋于单一，特别是小分子蛋白质类物质含量有所减少。这表明，臭氧易于与小分子蛋白质类物质（分子量小于 10 kDa）反应，减少其苯环结构或者共轭结构。污水处理厂二级出水溶解性有机物中分子量大于 10 kDa 的多为微生物代谢产生和生物衰减生成的生物大分子（Audenaert et al., 2013；Huber et al., 2011），而且 Gonzales 等（2012）和 Siembida-Lösch 等（2015）的研究表明生物大分子与臭

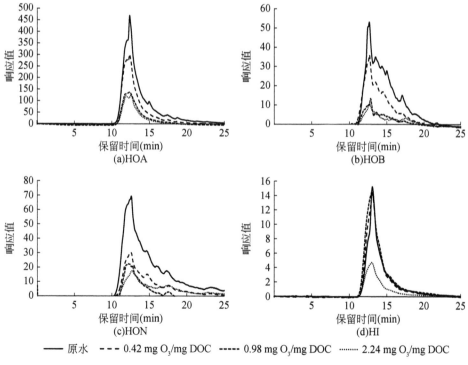

图 5.15 臭氧氧化对不同组分中腐殖质类物质的分子量分布的改变

氧的反应性很低。对于 HI 中的蛋白质类物质而言，高臭氧投加量没有出现类似现象，这是因为 HI 的分子量分布比较单一，只存在小分子蛋白质类物质。

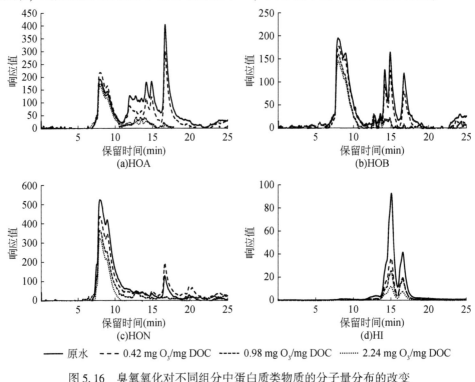

——原水   – – – 0.42 mg O₃/mg DOC   - - - - 0.98 mg O₃/mg DOC   ······· 2.24 mg O₃/mg DOC

图 5.16   臭氧氧化对不同组分中蛋白质类物质的分子量分布的改变

5.2.4   污水处理厂二级出水不同组分官能团组成变化

图 5.17 为经过 XPS Peak 软件分峰的 4 种组分的 C1s 图谱，根据图 5.17 各个官能团对应的峰面积可以得出各个官能团所占的比例，从而可以得到图 5.18。由图 5.18 可以看出，随着臭氧投加量的提高，HON 中苯环类物质有明显减少，脂肪碳和羧基碳明显升高，这与图 5.14 中所示 HON 的腐殖质类物质荧光峰蓝移的现象一致。但是，HOA、HOB 和 HI 芳香性的降低速率在低臭氧投加量时较慢。臭氧会与芳香类疏水性有机物先反应，随后和亲水物质反应。Westerhoff 等（1999）的研究表明臭氧会优先与苯环结构反应，特别是带有含氧或者含氮官能团的苯环结构，如酚羟基、醚基、氨基等。同时，根据图 5.17 所示，未被臭氧氧化的 HON 比 HOA 有更多的含氧官能团，而且可以推断原水中 HON 比 HOA 中含有更多电子云密集的苯环，因此，臭氧会优先与 HON 反应。与图 5.13 相比，

HON 首先氧化成 HI，随后 HOA 氧化生成的 HON 又转化为 HI。对于疏水性物质而言，苯环碳会随着臭氧投加量的提升进一步减少，这与图 5.14 的结果一致。HI 中的苯环碳的减少速率很低，这是因为疏水性物质向 HI 转化为苯环类亲水物质，这可以揭示图 5.12 中 HI 的 UV_{254} 值降低速率较低的现象。

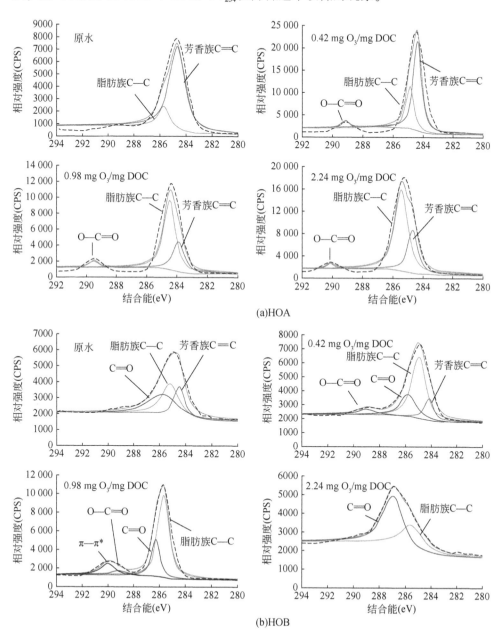

(a)HOA

(b)HOB

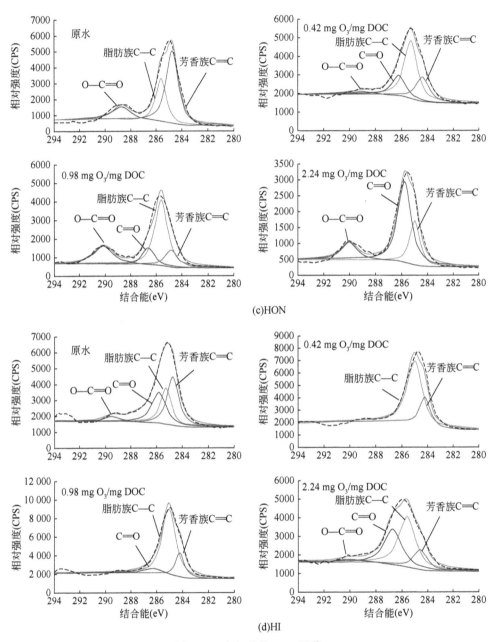

图 5.17 各组分的 C 1s 图谱

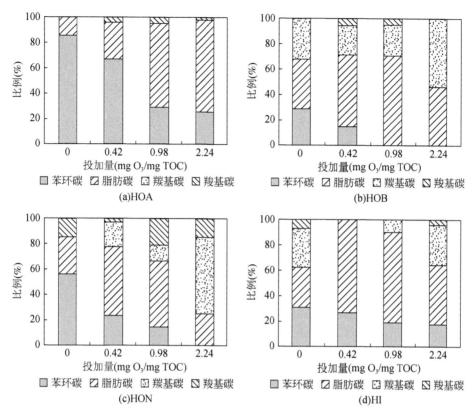

图 5.18　臭氧氧化对不同组分中官能团组成的改变

　　研究表明臭氧氧化会起到促进混凝的作用（Sadrnourmohamadi and Gorczyca，2015）。但是，在混凝之前不应该使用很高的臭氧投加量。有研究指出疏水性组分与亲水性组分相比更容易通过混凝去除（Wang et al.，2013；Yan et al.，2007），而且带有苯环结构的有机物更容易通过混凝去除（Bose et al.，2007）。根据图 5.13 的结果，在臭氧投加量较高时，疏水性物质含量降低，亲水性物质含量升高，疏水性物质中苯环结构同样减少（图 5.18），因此在污水深度处理工艺中，建议在混凝工艺前使用低臭氧投加量（0.42 mg O_3/mg DOC）。

参 考 文 献

吕桂才，赵卫红，王江涛. 2010. 平行因子分析在赤潮藻滤液三维荧光光谱特征提取中的应用. 中国分析化学，38（8）：1144-1150.

Audenaert W T M，Vandierendonck D，van Hulle S W H，et al. 2013. Comparison of ozone and HO·induced conversion of effluent organic matter（EfOM）using ozonation and UV/H_2O_2 treatment. Water Research，47（7）：2387-2398.

Baker A. 2001. Fluorescence excitation-emission matrix characterisation of some sewage impacted rivers. Environmental Science and Technology, 35: 948-953.

Bose P, Reckhow D. 2007. The effect of ozonation on natural organic matter removal by alum coagulation. Water Research, 41 (7): 1516-1524.

Chen J, Leboeuf E J, Dai S, et al. 2003. Fluorescence spectroscopic studies of natural organic matter fractions. Chemosphere, 50 (5): 639-647.

Chiang P C, Chang E E, Chang P C, et al. 2009. Effects of pre-ozonation on the removal of THM precursors by coagulation. Science of the Total Environment, 407 (21): 5735-5742.

Coble P G. 1996. Characterization of marine and terrestrial DOM in seawater using excitation-emission matrix spectroscopy. Marine Chemistry, 51 (4): 325-346.

Coble P G, Del Castillo C E, Avril B. 1998. Distribution and optical properties of CDOM in the Arabian Sea during the 1995 Southwest Monsoon. Deep-Sea Research, Part II, 45: 2195-2223.

Fellman J B, Miller M P, Cory R M, et al. 2009. Characterizing dissolved organic matter using PARAFAC modeling of fluorescence spectroscopy: a comparison of two models. Environmental Science and Technology, 43 (16): 6228-6234.

Galapate R P, Baes A U, Okada M, 2001. Transformation of dissolved organic matter during ozonation: effects on trihalomethane formation potential. Water Research, 35 (9): 2201-2206.

Gong J, Liu Y, Sun X. 2008. O_3 and UV/O_3 oxidation of organic constituents of biotreated municipal wastewater. Water Research, 42 (4-5): 1238-1244.

Gonzales S, Pena A, Rosario-Ortiz F L. 2012. Examining the role of effluent organic matter components on the decomposition of ozone and formation of hydroxyl radicals in wastewater. Ozone: Science and Engineering, 34 (1): 42-48.

Holbrook R D, Yen J H, Grizzard T J. 2006. Characterizing natural organic material from the Occoquan watershed (Northern Virginia, US) using fluorescence spectroscopy and PARAFAC. Science of the Total Environment, 361 (1-3): 249-266.

Huber S A, Balz A, Abert M, et al. 2011. Characterisation of aquatic humic and non-humic matter with size-exclusion chromatography—organic carbon detection—organic nitrogen detection (LC-OCD-OND). Water Research, 45 (2): 879-885.

Kitis M, KilduffI J E, Karaneil T. 2001. Isolation of dissolved organic matter (DOM) from surface waters using reverse osmosis and its impact on the reactivity of DOM to formation and speciation of disinfection by-products. Water Research, 35 (9): 2225-2234.

Liu T, Chen Z L, Yu W Z, et al. 2011. Characterization of organic membrane foulants in a submerged membrane bioreactor with pre-ozonation using three-dimensional excitation-emission matrix fluorescence spectroscopy. Water Research, 45 (5): 2111-2121.

Leenheer J A. 2009. Systematic approaches to comprehensive analyses of natural organic matter. Annals of Environmental Science, 3 (1): 1-130.

Lin J L, Huang C, Dempsey B, et al. 2014. Fate of hydrolyzed Al species in humic acid coagulation. Water Research, 56: 314-324.

Marhaba T F, van D, Lippincott R L. 2000. Changes in NOM fractionation through treatment: a comparison of ozonation and chlorination. Ozone Science and Engineering, 22 (3): 249-266.

Molnar J, Agbaba J, Dalmacija B, et al. 2013. The effects of matrices and ozone dose on changes in the characteristics of natural organic matter. Chemical Engineering Journal, 222: 435-443.

Monteil-Rivera F, Brouwer E B, Masset S, et al. 2000. Combination of X-ray photoelectron and solid-state ^{13}C nuclear magnetic resonance spectroscopy in the structural characterisation of humic acids. Analytica Chimica Acta, 424 (2): 243-255.

Murphy K R, Hambly A, Singh S, et al. 2011. Organic matter fluorescence in municipal water recycling schemes: toward a unified PARAFAC model. Environmental Science and Technology, 45 (7): 2909-2916.

Nancy P S, Andrew T S, Christopher M M. 2013. Assessment of dissolved organic matter fluorescence PARAFAC components before and after coagulation- filtration in a full scale water treatment plant. Water Research, 47: 1679-1690.

Sadrnourmohamadi M, Gorczyca B. 2015. Effects of ozone as a stand- alone and coagulation- aid treatment on the reduction of trihalomethanes precursors from high DOC and hardness water. Water Research, 73: 171-180.

Sharma A, Schulman S G. 1999. Introduction to Fluorescence Spectroscopy. New York: Wiley.

Siembida-Lösch B, Anderson W B, Wang Y, et al. 2015. Effect of ozone on biopolymers in biofiltration and ultrafiltration processes. Water Research, 70: 224-234.

Stedmon C A, Bro R. 2008. Characterizing dissolved organic matter fluorescence with parallel factor analysis: a tutorial. Limnology and Oceanography: Methods, 6: 572-579.

Stedmon C A, Markager S. 2005. Resolving the variability in dissolved organic matter fluorescence in a temperate estuary and its catchment using PARAFAC analysis. Limnology and Oceanography, 50 (2): 686-697.

Stedmon C A, Markager S, Bro R. 2003. Tracing dissolved organic matter in aquatic environments using a new approach to fluorescence spectroscopy. Marine Chemistry, 82 (3-4): 239-254.

Swietlik J, Dabrowska A, Raczyk- Stanislawiak U, et al. 2004. Reactivity of natural organic matter fractions with chlorine dioxide and ozone. Water Research, 38 (3): 547-558.

Swietlik J, Sikorska E. 2004. Application of fluorescence spectroscopy in the studies of natural organic matter fractions reactivity with chlorine dioxide and ozone. Water Research, 38 (17): 3791-3799.

Uyguner C S, Bekbolet M. 2005. Evaluation of humic acid photocatalytic degradation by UV- vis and fluorescence spectroscopy. Catalysis Today, 101 (3-4): 267-274.

Wang D S, Zhao Y M, Xie J K, et al. 2013. Characterizing DOM and removal by enhanced coagulation: a survey with typical Chinese source waters. Separation and Purification Technology, 110: 188-195.

Wang Z G, Cao J, Meng F G. 2015. Interactions between protein- like and humic- like components in dissolved organic matter revealed by fluorescence quenching. Water research, 68 (1): 404-413.

Westerhoff P, Aiken G, Amy G. et al. 1999. Relationships between the structure of natural organic matter and its reactivity towards molecular ozone and hydroxyl radicals. Water Research, 33 (10): 2265-2276.

Yan M Q, Wang D S, Shi B B, et al. 2007. Effect of pre-ozonation on optimized coagulation of a typical North-China source water. Chemosphere, 69 (11): 1695-1702.

Zhang T, Lu J, Ma J, et al. 2008a. Fluorescence spectroscopic characterization of DOM fractions isolated from a filtered river water after ozonation and catalytic ozonation. Chemosphere, 71 (5): 911-921.

Zhang T, Lu J, Ma J, et al. 2008b. Comparative study of ozonation and synthetic goethite-catalyzed ozonation of individual NOM fractions isolated and fractionated from a filtered river water. Water Research, 42 (6-7): 1563-1570.

|第6章| 臭氧氧化与混凝工艺的互促增效机制

　　臭氧经常用于饮用水中的消毒和氧化工艺（如除色、除嗅味及除微量有机物）（von Gunten et al., 2003）。此外，对于污水深度处理而言，臭氧也经常用来控制污水处理厂二级出水中的荷尔蒙、药物及个人护理用品等微量有机物（Audenaert et al., 2013）。臭氧在消毒、氧化微量有机物方面表现出来的优势使其在污水深度处理中的应用越来越广泛（Lee and von Gunten, 2010；Wert et al., 2009；Zhang et al., 2008a；Snyder et al., 2006；Huber et al., 2005；Ternes et al., 2003）。根据第5章的研究结果，臭氧氧化后亲水性物质含量升高，如果臭氧投加量过高，便会影响后续混凝工艺的处理效果。尽管研究表明臭氧可以作为预氧化剂提升传统污水深度处理工艺的处理效果（Li et al., 2009），减少混凝剂的使用量，促进胶体颗粒脱稳，提升砂滤池的反冲洗周期，等等（Farvardin and Collins, 1989）。Reckhow等（1986）也提出臭氧氧化提升混凝效果的机理包括：提高含氧官能团的含量，降低颗粒周围包裹的有机物产生的位阻效应，使准稳态的有机物颗粒更容易通过吸附架桥作用凝聚。这些促进作用也是建立在合适的臭氧投加量、混凝条件和原水水质的基础上的（Yan et al., 2007；Bose and Reckhow, 2007）。但是，臭氧氧化-混凝工艺对溶解性有机物的去除效率十分有限（Liu et al., 2009；Selcuk et al., 2007）。此外，如果臭氧氧化-混凝工艺没有在合适的条件下进行，臭氧氧化可能对后续混凝工艺中有机物的去除造成负面影响（Liu et al., 2007）。由第5章的结果看出，臭氧会使疏水性有机物向亲水性有机物转化，而混凝对亲水性有机物的去除效率十分有限，因此臭氧氧化-混凝工艺对溶解性有机物的去除效率也难以保证。

　　臭氧与有机物的反应可通过两种途径，一种为臭氧分子的直接氧化，另一种为产生·OH的间接氧化。·OH与其他氧化剂不同，其具有很高的氧化性和极低的选择性（Meunier et al., 2006）。臭氧氧化效率的提升可以通过采用与紫外光、过氧化氢、金属离子及金属氧化物等结合，以提高·OH的产率来实现（Kasprzyk-Hordern et al., 2003）。金属盐混凝剂水解后会产生金属离子和一些金属化合物，可以作为催化剂促进·OH的生成，从而提高溶解性有机物的去除效率，前提是混凝和臭氧氧化需要在一个体系中同时作用。但是，目前没有支持这一假设的实验数据。为了证明这一假设，以提高传统污水深度处理工艺对溶解性有机物的去除效率为目的，基于臭氧与混凝剂之间的相互作用，第一次提出了复合型臭氧氧化混凝反应体系（hybrid ozonation-coagulation，HOC）。在 HOC 反应体系中，臭氧氧化和混凝在同一个反应体系内同时作用。

本章的主要目的是探究 HOC 反应体系在污水深度处理中的去除特性，揭示该工艺去除溶解性有机物的机理。本章将在 pH = 5、pH = 7、pH = 9 和混凝剂为 PAC 及 $AlCl_3 \cdot 6H_2O$ 的不同情况下论述 HOC 反应体系的去除特性，对比污水处理厂二级出水和超纯水两种介质条件下的行为特性，并与传统臭氧氧化-混凝工艺进行了对比。与此同时，通过·OH 探针及顺磁共振的方法研究了 HOC 反应体系中臭氧与混凝剂之间的相互作用，从而更好地阐述了 HOC 反应体系的作用机理。

6.1 复合型臭氧氧化混凝反应体系

6.1.1 污水处理厂二级出水的常规处理效果评价

由图 6.1 可以看出 pH = 5 时，不同混凝剂投加量下 PAC 的混凝效果普遍比 $AlCl_3 \cdot 6H_2O$ 好，这与 PAC 水解形态较多有关，其中包括 Al_{13} 或者其他聚合形态铝，而大多数学者研究认为 Al_{13} 在混凝过程中发挥重要作用（Lin et al.，2008）。两种混凝剂对 DOC 的去除效果存在较大差异，最大去除率均达到 11% 左右，最小去除率仅有 3% 左右。色度和 UV_{254} 的去除率均很小。浊度和 DOC 的数据表明，选择 $AlCl_3 \cdot 6H_2O$ 混凝剂时，最佳投加量为 12 mg Al/L，而 6 mg Al/L 为实验范围内混凝效果最差的点。UV_{254} 和 DOC 数据表明，PAC 最佳投加量为 10 mg Al/L。为了证明臭氧氧化的有效性，实验选择 $AlCl_3 \cdot 6H_2O$ 和 PAC 的投加量均为 6 mg Al/L，以评价其互促增效作用。

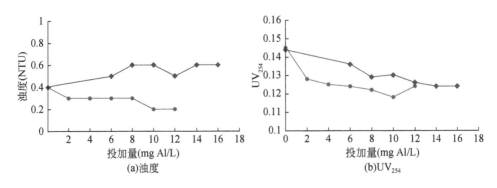

(a)浊度   (b)UV_{254}

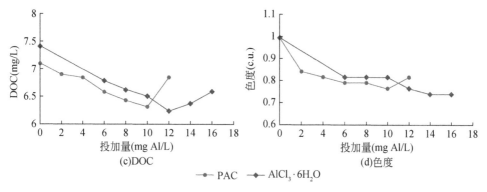

图 6.1　pH = 5 两种混凝剂混凝效果对比图

由图 6.2 可以看出 pH = 7 时，不同混凝剂投加量下 PAC 混凝效果仍优于 $AlCl_3 \cdot 6H_2O$，尤其在对浊度和 TOC 的去除上较为明显。$AlCl_3 \cdot 6H_2O$ 作为混凝剂时，TOC 和浊度数据表明，20 mg Al/L 为最佳投加量。PAC 作为混凝剂时，各项指标均显示 14 mg Al/L 为最佳投加量。PAC 和 $AlCl_3 \cdot 6H_2O$ 在投加量为 10 mg Al/L 时 TOC 的处理效果均较差。同样在 pH = 7 的条件下，为了证明臭氧氧化的有效性，选择 PAC 和 $AlCl_3 \cdot 6H_2O$ 投加量均为 10 mg Al/L。

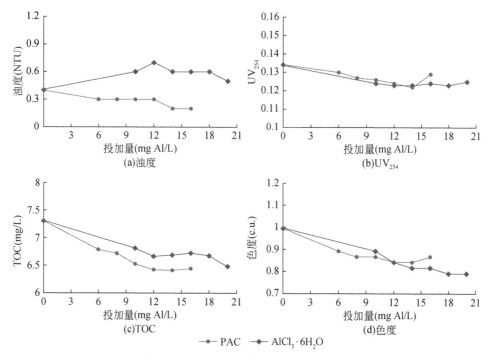

图 6.2　pH = 7 两种混凝剂混凝效果对比图

由图 6.3 可以看出 pH=9 时，不同混凝剂投加量下 PAC 混凝效果均优于 AlCl$_3$·6H$_2$O，尤其在对色度和 TOC 的去除上较为明显。AlCl$_3$·6H$_2$O 作为混凝剂时，TOC 数据表明，12 mg Al/L 为最佳投加量。PAC 作为混凝剂时，各项指标均显示 10 mg Al/L 为最佳投加量。PAC 和 AlCl$_3$·6H$_2$O 在投加量为 14 mg Al/L 时 TOC 的处理效果均出现恶化现象。因此，在 pH=9 时，臭氧混凝互促实验选择 PAC 和 AlCl$_3$·6H$_2$O 投加量均为 14 mg Al/L。

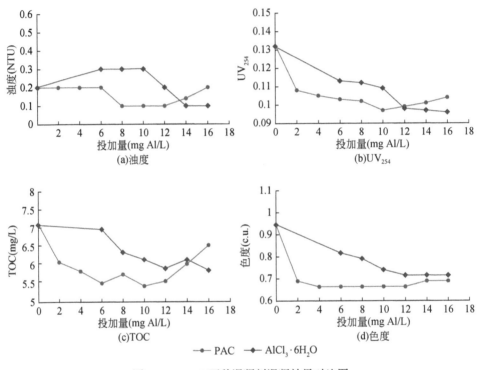

图 6.3　pH=9 两种混凝剂混凝效果对比图

6.1.2　臭氧氧化对常规工艺的影响

图 6.4 ~ 图 6.6 分别为臭氧投加量为 0.5 mg O$_3$/mg DOC、1.0 mg O$_3$/mg DOC 和 1.5 mg O$_3$/mg DOC 时臭氧氧化–混凝工艺的处理效果，同时在图中与相同混凝剂投加量时的混凝工艺进行了比较。由图 6.4 可以看出，在 pH=7 时，臭氧氧化使混凝工艺对色度的去除效果大幅提高，然而在 pH=5 及 pH=9 时，臭氧氧化工艺对混凝工艺在色度去除方面几乎没有帮助。对于溶解性有机物的去除而言，在 3 种不同 pH 情况下，臭氧氧化工艺对混凝工艺的促进效果十分有限，同样，对

UV$_{254}$去除的促进效果也不理想。总体而言，在臭氧投加量为 0.5 mg O$_3$/mg DOC 时，臭氧氧化对混凝工艺没有明显的促进效果。

由图 6.5 可以看出，当选用 PAC 为混凝剂时，对于 3 种不同的 pH 而言，臭氧氧化均可以提升混凝对色度的去除效率，当使用 AlCl$_3$·6H$_2$O 为混凝剂时，在 pH=9 时臭氧氧化提升混凝对色度的去除效果不是很明显，其余 pH 的提升效果均较为明显。对于溶解性有机物的去除而言，当 pH=9 同时 AlCl$_3$·6H$_2$O 为混凝剂时，臭氧氧化对混凝的促进效果较为明显，但是，同样 pH 条件下当采用 PAC 为混凝剂时，臭氧氧化没有促进效果，在其余条件下，臭氧氧化对溶解性有机物去除有一定的促进效果。对于 UV$_{254}$ 而言，臭氧氧化-混凝工艺的去除效果均较好，这是因为臭氧氧化本身就可以很大程度上去除 UV$_{254}$。总体而言，臭氧投加量为 1.0 mg O$_3$/mg DOC 时，臭氧氧化对混凝工艺的促进效果优于臭氧投加量为 0.5 mg O$_3$/mg DOC 时的效果。

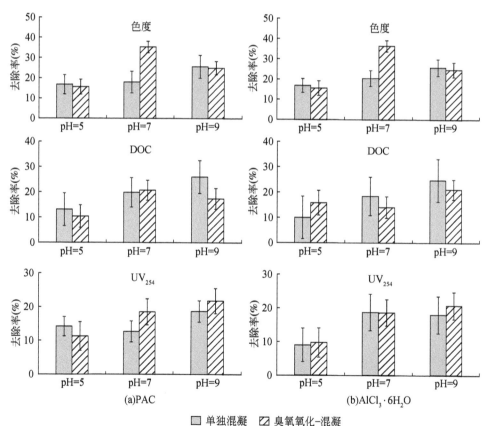

图 6.4　臭氧投加量为 0.5 mg O$_3$/mg DOC 时臭氧氧化-混凝工艺效果

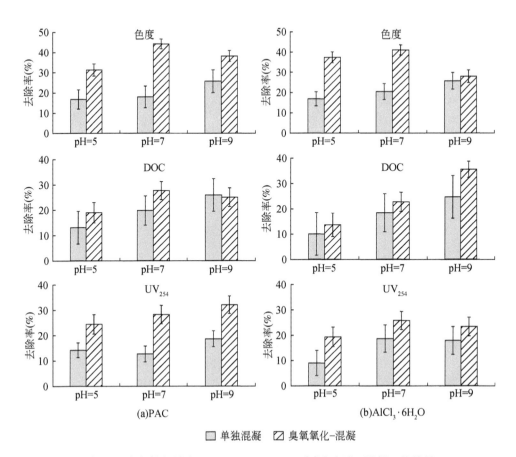

图 6.5　臭氧投加量为 1.0 mg O_3/mg DOC 时臭氧氧化–混凝工艺效果

由图 6.6 可以看出，当臭氧投加量提升至 1.5 mg O_3/mg DOC 时，臭氧对混凝去除色度的提升效果十分明显，1.5 mg O_3/mg DOC 对臭氧氧化而言已经是较高的投加量，在这个投加量下，色度在预氧化环节已经有较高的去除率。但是，对于溶解性有机物而言，pH=7 和 pH=9 时，高的臭氧投加量会对后续混凝工艺造成负面效应，溶解性有机物的去除效果反而降低。pH=5 时，在该臭氧投加量时，臭氧对混凝有一定促进作用。对于 UV_{254} 而言，臭氧氧化对其促进效果也十分明显，其提升效果明显的原因也是高臭氧投加量造成其在臭氧氧化阶段对 UV_{254} 的去除就已经十分明显。

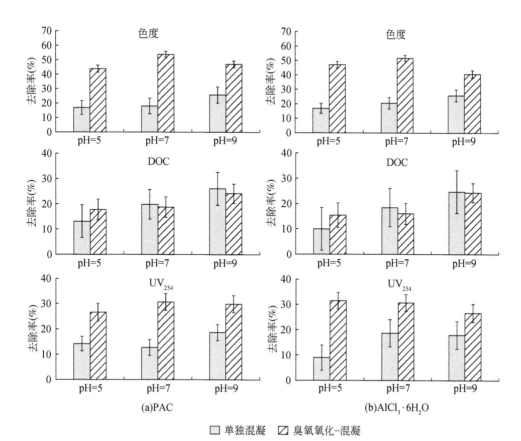

图 6.6　臭氧投加量为 1.5 mg O_3/mg DOC 时臭氧氧化-混凝工艺效果

6.1.3　HOC 反应体系构建

根据 6.1.1 节中所述的结果，传统的污水深度处理工艺（混凝—沉淀—过滤工艺）对溶解性有机物的去除效果不是很理想，而污水回用过程中，为了保证再生水使用过程中的安全问题，污水深度处理工艺中需要提升其对溶解性有机物的去除效率。对于溶解性有机物的去除而言，可以采用吸附、高级氧化、生物处理等其他组合工艺来进行处理，而对于已经建成的污水深度处理工程而言，采用上述工艺需要进行烦琐的改造。在现有的基础上，如果能充分利用金属盐混凝剂中的金属元素，和臭氧氧化工艺中的臭氧相结合，产生催化氧化的效应，这不仅对溶解性有机物的去除带来很大帮助，而且很大程度上避免了现有工艺烦琐的改造过程，但是，如果想产生高级氧化效应，需要将预氧化和混凝工艺同时在一个反应体系中进行，因此本章提出了 HOC 反应体系，即该工艺中混凝和臭氧氧化同时进行，提高溶解性有机物的去除效率。

6.1.4 HOC 反应体系处理功效

基于 6.1.3 节中的假设，本章评价了 HOC 反应体系对于色度、溶解性有机物和 UV_{254} 的去除效果，同时与传统混凝工艺及与臭氧氧化–混凝工艺进行了对比。图 6.7 ~ 图 6.9 分别为臭氧投加量为 0.5 mg O_3/mg DOC、1.0 mg O_3/mg DOC 和 1.5 mg O_3/mg DOC 时 HOC 反应体系与传统混凝工艺及臭氧氧化–混凝工艺的对比。

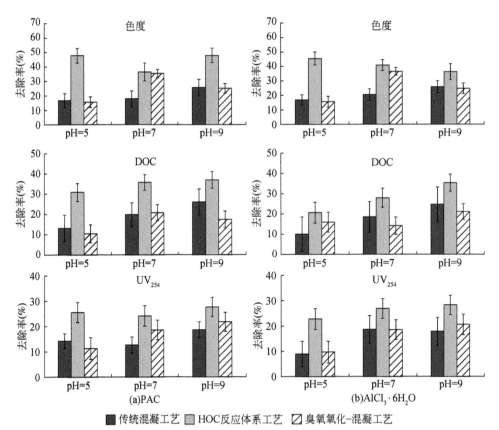

图 6.7　臭氧投加量为 0.5 mg O_3/mg DOC 时 HOC 反应体系去除效果对比

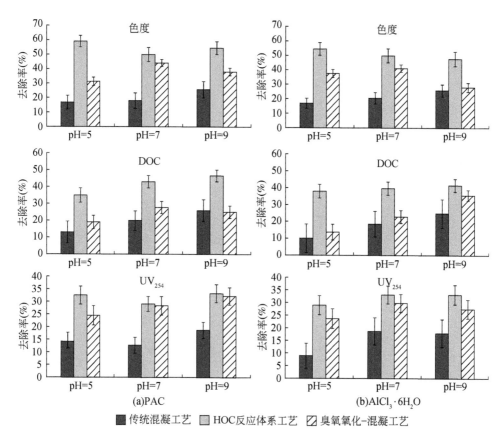

(a)PAC　　　　　　　　　　　　　　　(b)AlCl₃·6H₂O

■传统混凝工艺　▨HOC反应体系工艺　▨臭氧氧化-混凝工艺

图6.8　臭氧投加量为 1 mg O₃/mg DOC 时 HOC 反应体系去除效果对比

由图6.7~图6.9可以看出,总体上而言,与传统混凝工艺相比,HOC反应体系可以明显提高色度、UV_{254} 和 DOC 的去除效率,而臭氧氧化-混凝工艺几乎在臭氧投加量为 0.5 mg O₃/mg DOC 时对色度和 UV_{254} 的去除效果有限,当臭氧投加量提升至 1.5 mg O₃/mg DOC 时,对色度及 UV_{254} 的去除效果有明显提升,这是因为不饱和键与共轭结构在臭氧氧化过程中遭到臭氧的亲电反应(Zhang et al.,2008b)。臭氧氧化可以改变有机物的结构,提高有机物中含氧官能团的数量(Jin et al.,2015;Chiang et al.,2009)。然而,臭氧投加量为 1.5 mg O₃/mg DOC 时,臭氧氧化-混凝工艺对 DOC 的去除率也没有明显提升。

Chiang 等(2009)的研究结果也表明在 pH 为 5、7、9,这 3 个值时,臭氧投加量为 0.15 mg O₃/mg DOC、0.45 mg O₃/mg DOC 和 0.85 mg O₃/mg DOC 的情况下 DOC 的去除率与没有臭氧氧化时没有太大区别。这是因为臭氧氧化,特别是高臭氧投加量时,氧化生成的小分子有机物会抑制有机物之间的聚集,同时影响有机物与混凝过程中形成的金属氢氧化物的络合(Chiang et al.,2002)。通常

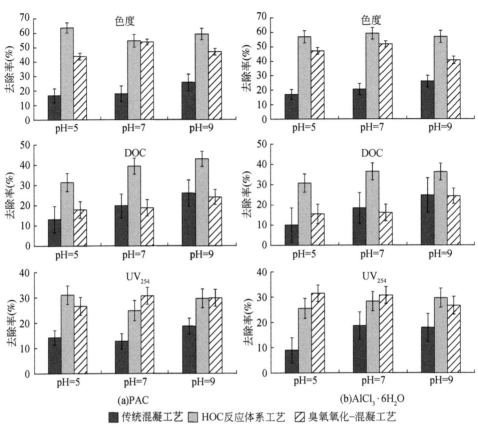

图 6.9　臭氧投加量为 1.5 mg O_3/mg DOC 时 HOC 反应体系去除效果对比

而言，传统水处理工艺中用于促进混凝效果的臭氧投加量是很低的。因此，臭氧氧化-混凝工艺对溶解性有机物的去除十分有限。Singer 等（2003）的研究结果表明，对于大多数地表水体而言，在臭氧投加量为 1 mg O_3/mg DOC 时，臭氧氧化对于混凝去除 DOC 促进作用很小。Selcuk 等（2007）的研究表明，混凝剂采用 PAC 和铝盐时，臭氧氧化对于 TOC 的去除效率仅为 22% 左右。Liu 等（2009，2007）甚至指出臭氧氧化对混凝几乎没有促进作用，臭氧氧化会使后续混凝工艺对 DOC 的去除率降低。但是，在不同 pH 条件下，PAC 和 $AlCl_3 \cdot 6H_2O$ 分别作为混凝剂的情况下，HOC 反应体系对 DOC 的去除率均高于 30%，这表明 HOC 反应体系可以提高臭氧氧化对混凝工艺促进效果的提升。采用 PAC 和 $AlCl_3 \cdot 6H_2O$ 分别作为混凝剂时，在 pH = 9 时，臭氧投加量为 1 mg O_3/mg DOC，DOC 的去除率可以高达 46.6% 和 41.5%。同时，以 PAC 为混凝剂时，HOC 反应体系的 DOC 去除率比 $AlCl_3 \cdot 6H_2O$ 普遍要高。

根据图 6.7 ~ 图 6.9 所示，在不同 pH 时，HOC 反应体系在臭氧投加量为 1 mg O_3/mg DOC 时对色度、DOC、UV_{254} 去除率最高。当臭氧投加量为 1.5 mg O_3/mg DOC 时，HOC 反应体系的 DOC 去除率反而比 1.0 mg O_3/mg DOC 投加量时低。这可以归结为臭氧对有机物的过度氧化，导致有机物变得更加亲水，分子量变小，很难被混凝去除（Holbrook et al., 2006；Reckhow and Singer, 1984）。因此，选择臭氧投加量 1.0 mg O_3/mg DOC 为 HOC 反应体系的最佳臭氧投加量，6.2 节的分析和论述都在这一投加量下进行。

6.2 HOC 反应体系的机理研究

6.2.1 混凝对臭氧自分解反应的影响

为了研究臭氧氧化在 HOC 反应体系中对混凝的促进作用，在臭氧投加量为 1 mg O_3/mg DOC和在原水为纯水及污水处理厂二级出水的情况下，测定了臭氧在 HOC 反应体系中的分解特性。实验结果如图 6.10 所示。由图 6.10 可以看出，臭氧分解的速度随着 pH 的升高而增加，同时，当有混凝剂投加时，臭氧分解加速，而且当选用 PAC 为混凝剂时，在 3 种不同 pH 时，臭氧无论在纯水还是污水处理厂二级出水中的分解速度均比采用 $AlCl_3 \cdot 6H_2O$ 要快。臭氧在天然水体和污水中的自我分解是因为臭氧与氢氧根离子（OH^-）的反应，从而通过一系列链式

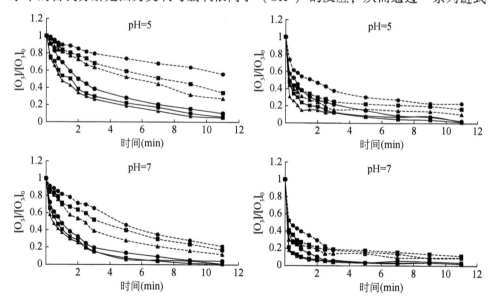

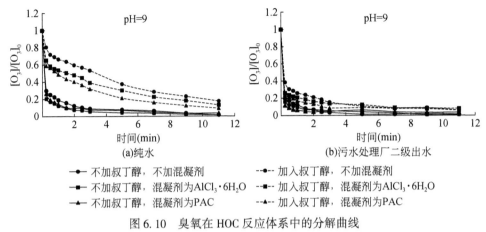

图 6.10　臭氧在 HOC 反应体系中的分解曲线

实线：不加叔丁醇；虚线：加入叔丁醇；黑线：不加混凝剂；蓝线：混凝剂为 $AlCl_3 \cdot 6H_2O$；红线：混凝剂为 PAC

反应生成羟基自由基（Ghazi et al., 2014；Yong and lin, 2013；2012；Staehelin and Hoigné, 1985）。由图 6.10 可以看出，臭氧分解在有混凝剂存在的情况下速度加快，这表明混凝剂可以促进·OH 的产生，提高臭氧的分解速度。

为了证实这一假设，向 HOC 反应体系中加入一种·OH 的抑制剂叔丁醇，来验证是否在 HOC 反应体系有·OH 的产生。实验结果如图 6.10 所示，由图 6.10 可以看出，加入的叔丁醇抑制了臭氧在 HOC 反应体系中的分解，这表明臭氧在 HOC 反应体系中是通过·OH 链式反应分解的（Huang et al., 2015）。另外，由图 6.10 可以看出，与 $AlCl_3 \cdot 6H_2O$ 相比，HOC 反应体系加入 PAC 后会产生更多的·OH，使臭氧的分解加快。

本章还计算了臭氧分解过程中加入叔丁醇及没有加入叔丁醇的瞬时臭氧需求量（instantaneous ozone demand, IOD），结果见表 6.1。表 6.1 中的结果表明 IOD 值十分依赖 HOC 反应体系中的 pH。在相同的臭氧投加量下，高的 pH 会导致高的 IOD 值。在 pH=9 原水采用纯水的情况下，约 70% 的臭氧在 IOD 阶段（15s 之前）被消耗了，相比较而言，只有 9.3% 的臭氧在纯水 pH=5 的情况下被消耗。在相同的 pH 情况下，污水处理厂二级出水的 IOD 值总体而言比纯水中的 IOD 值高。当加入混凝剂后 IOD 值增加，使用 PAC 为混凝剂时，IOD 值比使用 $AlCl_3 \cdot 6H_2O$ 时普遍偏高。Wert 等（2011, 2007）研究了臭氧氧化不同污水处理厂二级出水过程中的 IOD 值，结果表明 IOD 值在 pH 为 7 的情况，普遍为 3~5.5 mg/L。因此，表 6.1 中的 IOD 值与文献中的结果一致。根据 Buffle 等（2006b）与 Buffle 和 von Gunten（2006）的研究结果，在 IOD 阶段，臭氧具有高的分解速率，同时产生大量·OH。有机物与臭氧分子的结合及有机物中特定官能团与臭氧的反应也是污水处理厂二级出水在 IOD 阶段消耗臭氧，产生·OH 的原因，这可以解释臭氧在污水处理厂二级出水中，pH=7 和 pH=9 时快速分解的现象。

表 6.1　不同条件下的 IOD 值　　　　（单位：mg/L）

pH	纯水	纯水+PAC	纯水+AlCl$_3$	污水处理厂二级出水	污水处理厂二级出水+ PAC	污水处理厂二级出水+AlCl$_3$
5	0.651	1.821	1.702	3.000	4.857	3.571
7	1.940	2.952	2.417	4.333	5.762	5.524
9	4.905	5.571	5.143	5.619	6.190	5.905

6.2.2　混凝剂对羟基自由基产生的促进作用

·OH 的暴露量可以通过 HOC 反应体系对 ·OH 探针的去除来进行间接测定，本节分析了 HOC 反应体系对 pCBA（parachlorobenzoic acid，对氯苯甲酸）分别在加入叔丁醇和不加入叔丁醇两种情况下的去除情况。结果如图 6.11 所示，由图 6.11 可以看出，在加入叔丁醇的情况下，HOC 反应体系对 pCBA 的去除进一步证明 HOC 反应体系中有 ·OH 反应，产生的大部分 ·OH 都被叔丁醇抑制了（Staehelin and Hoigné，1982）。随着 pH 的升高，pCBA 的去除效率明显提升，在 pH=9 时，60% 以上的 pCBA 在以纯水为原水，PAC 为混凝剂的 HOC 反应体系得到去除，表明在 pH 较高时会产生更多的 ·OH。已有的研究也表明臭氧的自我分解在 pH 较高时速度较快（Rosenfeldt et al.，2006）。

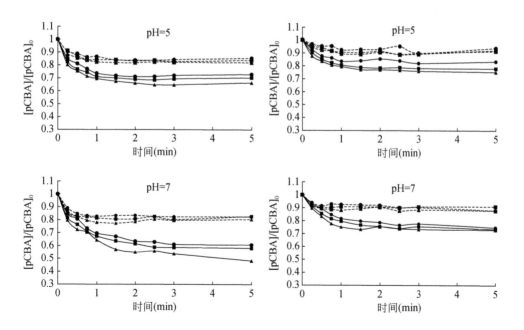

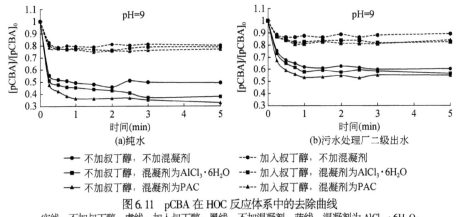

(a)纯水   (b)污水处理厂二级出水

—●— 不加叔丁醇，不加混凝剂   --●-- 加入叔丁醇，不加混凝剂

—■— 不加叔丁醇，混凝剂为AlCl₃·6H₂O   --■-- 加入叔丁醇，混凝剂为AlCl₃·6H₂O

—▲— 不加叔丁醇，混凝剂为PAC   --▲-- 加入叔丁醇，混凝剂为PAC

图6.11 pCBA 在 HOC 反应体系中的去除曲线

实线：不加叔丁醇；虚线：加入叔丁醇；黑线：不加混凝剂；蓝线：混凝剂为 AlCl₃·6H₂O；

红线：混凝剂为 PAC

由图6.11 还可以看出，HOC 反应体系加入混凝剂后 pCBA 去除效率会升高，从而产生更多的·OH。HOC 反应体系使用 PAC 为混凝剂时比 AlCl₃·6H₂O 为混凝剂时对 pCBA 的去除率高。HOC 反应体系对污水处理厂二级出水中 pCBA 的去除效果有限，这表明 HOC 反应体系中产生的·OH 会与污水处理厂二级出水中具有抑制作用的物质反应，消耗了 HOC 反应体系产生的·OH。在 IOD 阶段，pCBA 的去除效果很明显，这表明·OH 暴露量在 IOD 阶段很高，特别在 pH 较高时。很多研究均表明 IOD 阶段·OH 暴露量很高（Buffle et al., 2006b）。

为了进一步证实 HOC 反应体系中会产生大量·OH，是一种高级氧化反应，采用电子顺磁共振（electron paramagnetic resonance，EPR）对 HOC 反应体系中的·OH 进行测定，测定结果如图 6.12 ~ 图 6.14 所示。

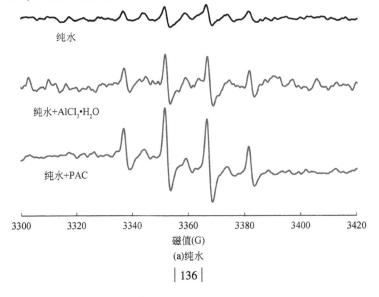

纯水

纯水+AlCl₃·H₂O

纯水+PAC

磁值(G)

(a)纯水

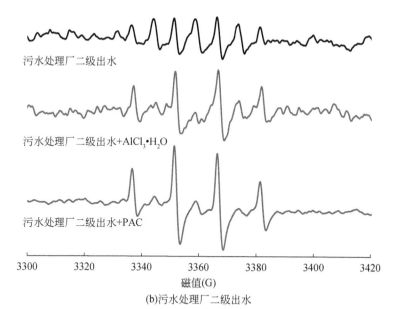

污水处理厂二级出水

污水处理厂二级出水+AlCl$_3$·H$_2$O

污水处理厂二级出水+PAC

(b)污水处理厂二级出水

图 6.12　HOC 反应体系 pH=5 时 EPR 图谱

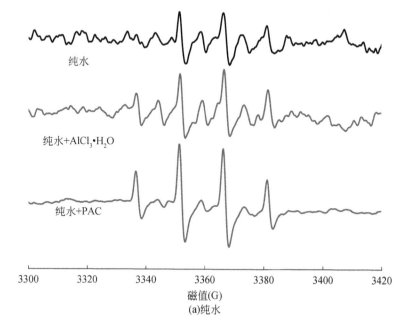

纯水

纯水+AlCl$_3$·H$_2$O

纯水+PAC

磁值(G)

(a)纯水

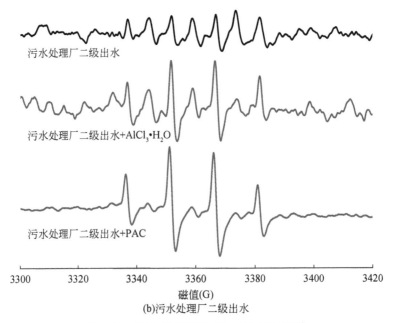

(b)污水处理厂二级出水

图 6.13　HOC 反应体系 pH=7 时 EPR 图谱

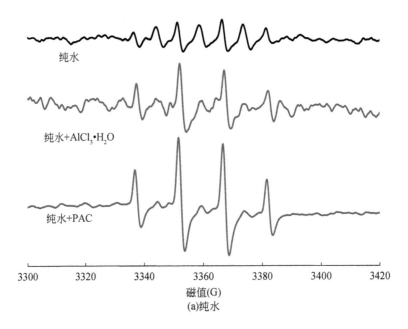

(a)纯水

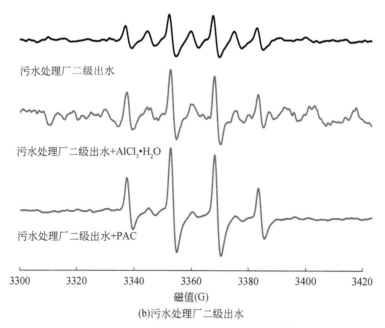

污水处理厂二级出水

污水处理厂二级出水+AlCl₃·H₂O

污水处理厂二级出水+PAC

图 6.14　HOC 反应体系 pH＝9 时 EPR 图谱

　　图 6.12～图 6.14 分别为 pH＝5、pH＝7、pH＝9 时的 EPR 图谱，图 6.12～图 6.14 均为 EPR 中 DMPO（dimethyl pyridine *N*-oxide）-OH（羟基自由基捕获剂二甲基吡啶 *N*-氧化物）的典型图谱，4 个峰的峰高比为 1∶2∶2∶1（Han et al.，1998；Jung and Lee，2002），这表明 HOC 反应体系中存在·OH 反应。Zhao 等（2011）的研究表明混凝剂 PAC 和 AlCl₃·6H₂O 有很多铝形态的水解产物。此外，金属氧化物可以作为催化剂促进·OH 的生成（Lim et al.，2002；Ma and Graham，2000）。因此，HOC 反应体系中可能存在铝系混凝剂作为催化剂的催化臭氧氧化机理。加入混凝剂后 EPR 图谱强度比没有加入混凝剂时强度大，表明加入混凝剂会提高 HOC 反应体系中·OH 的产率。另外，与 AlCl₃·6H₂O 相比，HOC 反应体系采用 PAC 为混凝剂时会产生更多的·OH。

　　由于 HOC 反应体系中存在·OH 反应，本节计算了 HOC 反应体系中不同条件下的 R_{ct} 值来进一步分析 HOC 反应体系的反应特性。R_{ct} 值为·OH 暴露量与臭氧暴露量之间的比值，即 $\int[\cdot OH]\,dt/\int[O_3]\,dt$（Elovitz and von Gunten，1999）。为了确定 R_{ct} 值，根据 Elovitz 和 von Gunten（1999）的研究，需要作出 ln（[pCBA]/[pCBA]₀）与∫[O₃]dt 之间的线性回归方程，但是臭氧自我分解在 IOD 阶段不遵守一级动力学方程，臭氧自我分解在第二阶段（>15 s）才遵守一级动力学方程（Wert et al.，2009；2007；Buffle et al.，2006a，2006b），而且在 IOD 阶段臭氧的分解不遵守自由基链式反应（Buffle et al.，2006b）。因此，R_{ct} 值的计算值针对臭氧分解的第二阶段（Wert et al., 2011；Yong and Lin, 2012），为了计算 R_{ct} 值需首先对臭氧分解曲线的第二阶段进行一级动力学方程的拟合，结果如图 6.15、图 6.17 和图 6.19 所示，ln（［pCBA］／［pCBA］$_0$）的去除与∫［O$_3$］dt 之间的线性回归方程如图 6.16、图 6.18 和图 6.20 所示。

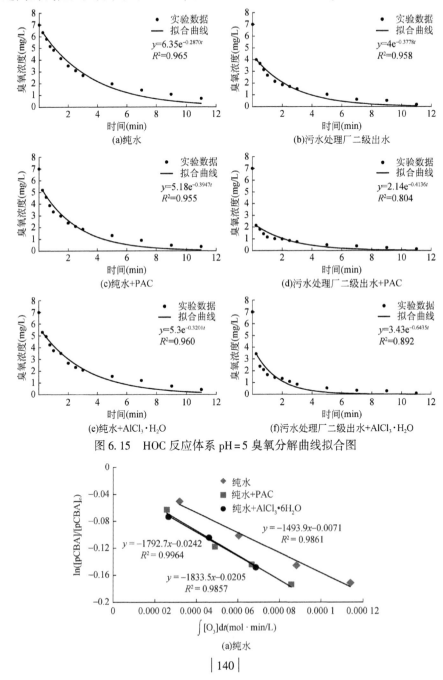

图 6.15 HOC 反应体系 pH＝5 臭氧分解曲线拟合图

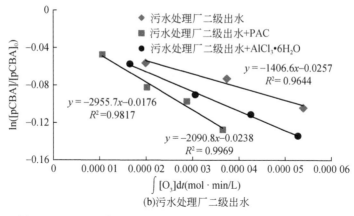

图 6.16 pH = 5 时 ln（[pCBA]／[pCBA]$_0$）对$\int$[O$_3$]dt图

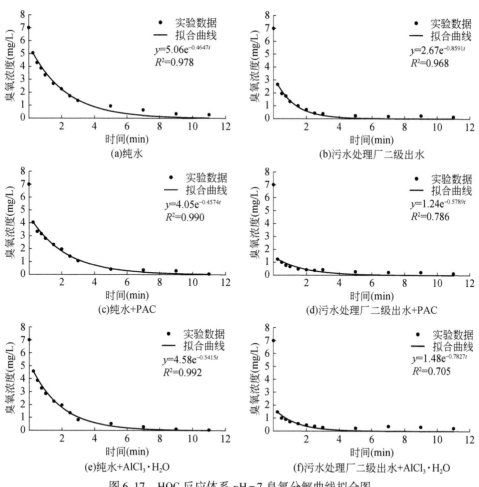

图 6.17 HOC 反应体系 pH = 7 臭氧分解曲线拟合图

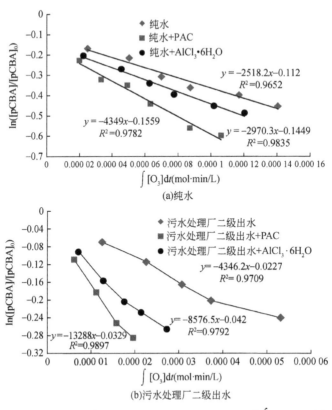

(a)纯水

(b)污水处理厂二级出水

图 6.18　pH=7 时 ln（［pCBA］/［pCBA］$_0$）对 $\int$［O$_3$］dt 图

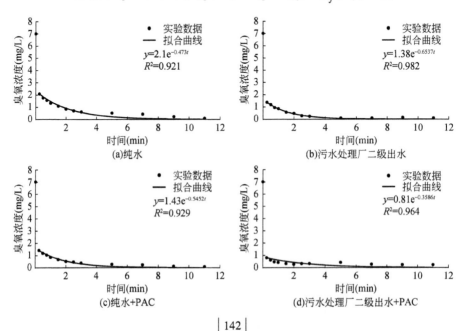

(a)纯水

(b)污水处理厂二级出水

(c)纯水+PAC

(d)污水处理厂二级出水+PAC

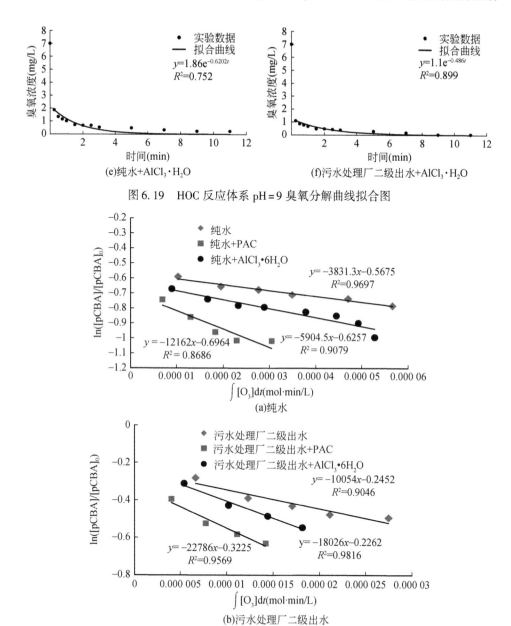

图 6.19　HOC 反应体系 pH=9 臭氧分解曲线拟合图

图 6.20　pH=9 时 ln（[pCBA] / [pCBA]$_0$）对 $\int$[O$_3$] dt 图

表 6.2 为不同条件下 HOC 反应体系的 R_{ct} 值。表 6.2 中的结果表明 R_{ct} 值的数量级为 $10^{-8} \sim 10^{-9}$，Elovitz 和 Gunten（1999）及 Rosenfeldt 等（2006）计算 R_{ct} 的结果表明，在天然水体中 pH=8 的情况下，R_{ct} 值的数量级也为 $10^{-8} \sim 10^{-9}$。Wert

等（2011）的研究表明三种不同污水处理厂二级出水的 R_{ct} 值的数量级均为 10^{-8}。由表6.2可以看出，R_{ct} 值随着 pH 的升高而升高，表明单位浓度臭氧产生的·OH较多。Rosenfeldt 等（2006）同样指出 R_{ct} 值随着 pH 的升高而升高，说明高 pH会促进臭氧转化为·OH。此外，当加入混凝剂后，R_{ct} 值在各种条件下均比不加混凝剂时要高，HOC 反应体系中 R_{ct} 值加入 PAC 比加入 $AlCl_3 \cdot 6H_2O$ 时高，污水处理厂二级出水中的 R_{ct} 值普遍比纯水中的高。

表6.2 不同条件下的 R_{ct} 值

pH	纯水	纯水+PAC	纯水+AlCl$_3$	污水处理厂二级出水	污水处理厂二级出水+PAC	污水处理厂二级出水+AlCl$_3$
5	0.498×10^{-8}	0.611×10^{-8}	0.598×10^{-8}	0.469×10^{-8}	0.985×10^{-8}	0.697×10^{-8}
7	0.839×10^{-8}	1.450×10^{-8}	0.990×10^{-8}	1.449×10^{-8}	4.429×10^{-8}	2.859×10^{-8}
9	1.277×10^{-8}	4.054×10^{-8}	1.968×10^{-8}	3.351×10^{-8}	7.595×10^{-8}	6.009×10^{-8}

基于表6.2及图6.10所示的臭氧分解曲线，本节计算了·OH 暴露量，计算结果如图6.21（a）和图6.21（b）所示，由图6.21（a）和图6.21（b）可以看出，HOC 反应体系在无论以纯水为原水还是以污水处理厂二级出水为原水·OH 暴露量均很高，这与图6.12~图6.14的结果一致。根据图6.21（a）和图6.21（b）可以看出，HOC 反应体系中加入混凝剂后会有更高的·OH 暴露量，因此，与传统臭氧氧化-混凝工艺相比，HOC 反应体系具有催化臭氧氧化的机理，从而对溶解性有机物的去除率较高。此外，HOC 反应体系加入混凝剂 PAC后比加入混凝剂 $AlCl_3 \cdot 6H_2O$ 时会产生更多的·OH 和造成更高的·OH 暴露量。

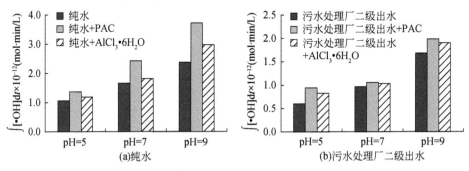

图6.21 不同条件下 HOC 反应体系的·OH 暴露量

6.2.3 臭氧氧化对混凝剂水解形态的影响

本节采用 Al-Ferron 法测定了 PAC 和 $AlCl_3 \cdot 6H_2O$ 臭氧氧化前后的水解产物，

图 6.22 是对臭氧氧化前后，不同混凝剂中 Al 形态的变化对比图。由图 6.22 可以明显看出臭氧氧化前，PAC 水解产物中的 Al_b 含量在不同 pH 时均比 $AlCl_3 \cdot 6H_2O$ 中的含量高，Al_b 主要为聚合态的水解产物，最具代表性的是 Al_{13}，而且，臭氧氧化后两种混凝剂中 Al_b 所占比例均有所上升，Al_a 和 Al_c 均有所下降，说明臭氧氧化促进混凝剂水解为聚合态的水解产物，而聚合态的水解产物，如 Al_{13} 对于混凝具有很强的促进作用，使混凝工艺对于溶解性有机物的去除得以改善，而 Al_a 和 Al_c 不是影响混凝效果的主导因素。因此，HOC 反应体系的另一个机理为通过臭氧氧化促进混凝剂中 Al_b 的生成，从而强化混凝的效果。

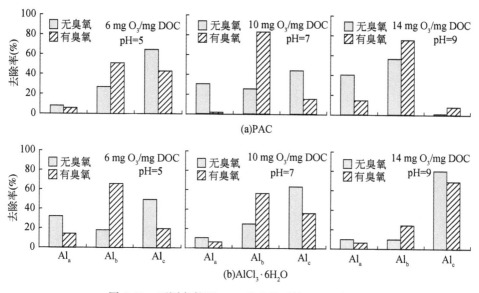

图 6.22　不同条件下 HOC 反应体系的·OH 暴露量

6.2.4　臭氧混凝互促增效机制

HOC 反应体系原理如图 6.23 所示，采用铝的氧化物、氢氧化物或者含有铝的其他的化合物作为催化剂已经被广泛研究了，当铝系催化剂加入水中后，水分子会吸附在铝系催化剂的表面，水分子也会水解成 OH^- 和 H^+ 形成铝系催化剂表面的羟基官能团（Zhao et al., 2015）。Ikhlaq 等（2013，2012）与 Qi 等（2008）的研究表明催化剂表面的羟基官能团是一类活性基团，在臭氧分解过程中起到了关键作用。臭氧会通过静电吸附及氢键结合作用力在水溶液中与催化剂表面的羟基反应（Zhao et al., 2009），Zhao 等（2009）和 Qi 等（2010）发现金属催化剂表面的羧基会引发臭氧的分解，形成·O_2H、·O_3H 和·O_4H 进而通过链式反应生成·OH。在 HOC 反应体系工艺中，铝系的混凝剂会通过水合作用在表面形成大量羟基官能团（Duan and Gregory，2003）。除了臭氧直接与水中 OH⁻反应引发链式反应生成·OH 以外，混凝剂表面的羟基也可以与臭氧反应，引发链式反应，产生大量·OH。因此，HOC 反应体系中会产生大量·OH 使溶解性有机物去除效果优于传统的臭氧氧化–混凝工艺。

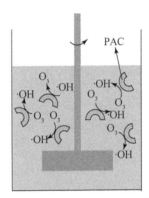

图 6.23   HOC 反应体系原理图

另外，根据 Duan 和 Gregory（2003）的研究结果，与传统的铝盐混凝剂相比，PAC 作为一种预水解的混凝剂含有很高比例的聚合态水解产物。例如，Al_{13} $[AlO_4Al_{12}(OH)_{24}(H_2O)_{12}]^{7+}$，因此，PAC 中会产生更多含有羟基的水解产物。Qi 等（2009，2008）的研究表明铝系催化剂表面的羟基官能团密度越高，臭氧转化为·OH 的效果越好，催化效果越明显，因此，HOC 反应体系选用 PAC 为催化剂的处理效果优于选用 $AlCl_3 \cdot 6H_2O$ 作为混凝剂时。

6.3   混凝剂在臭氧氧化过程中的行为机理

6.3.1   臭氧氧化及高级氧化相关模型

方程式（6-1）是考虑到在臭氧氧化系统中同时存在不同类型的引发剂、促进剂和抑制剂时的瞬时稳态·OH 模型：

$$[\cdot OH] = \frac{2K_1[OH^-] + \sum K_{I,i}[M_{I,i}]}{\sum K_{S,i}[M_{S,i}]}[O_3] \qquad (6\text{-}1)$$

式中，$[\cdot OH]$ 是·OH 的瞬时稳态浓度；K_1 是 OH⁻ 和 O_3 之间的二阶速率常数；$[M_{I,i}]$ 和 $K_{I,i}$ 分别为引发剂的浓度及其与 O_3 反应的二阶速率常数；$[M_{S,i}]$ 和 $K_{S,i}$

分别为抑制剂的浓度及其与·OH反应的二阶速率常数。假设系统中所有生成的自由基中间体处于稳定状态。R_{ct} 的概念可以表述为方程式（6-2）：

$$R_{ct} = \frac{\int [\cdot OH] dt}{\int [O_3] dt} \tag{6-2}$$

R_{ct} 的值可以由臭氧的衰变和·OH探针化合物对氯苯甲酸进行计算。pCBA的自然对数计算图以 ln（[pCBA]/[pCBA]$_0$）为纵坐标，以臭氧分解量（[O$_3$] dt）为横坐标，将得到一条斜率等于 R_{ct} 的直线。水的臭氧氧化通常被发现产生两个阶段的 R_{ct}，初始阶段 R_{ct} 值较高，在第二阶段，R_{ct} 值在臭氧氧化过程中保持不变。

臭氧的分解反应可以被描述为伪一阶动力学方程如方程式（6-3）所示：

$$-\frac{d[O_3]}{dt} \cdot \frac{1}{[O_3]} = K_{obs}$$

$$= K_1[OH^-] + \sum (K_{D,i}[M_{D,i}])$$

$$+ \{2K_1[OH^-] + \sum (K_{I,i}[M_{I,i}])\} \left(1 + \frac{\sum (K_{P,i}[M_{P,i}])}{\sum (K_{S,i})[M_{S,i}]}\right)$$

$$\tag{6-3}$$

式中，K_{obs} 为臭氧一级速率分解常数；[M$_{D,i}$] 和 $K_{D,i}$ 分别为直接与臭氧反应的化合物浓度及其与臭氧反应的二阶速率常数；[M$_{P,i}$] 和 $K_{P,i}$ 分别为促进剂浓度及其与·OH反应的二阶速率常数。

如果溶液的pH、引发剂和抑制剂的浓度在臭氧氧化过程中保持不变，·OH瞬时稳态模型的整合，以及 R_{ct} 的概念将产生新的 R_{ct} 概念的表达。

$$R_{ct} = \frac{2K_1[OH^-] + \sum (K_{I,i}[M_{I,i}])}{\sum (K_{S,i}[M_{S,i}])} \tag{6-4}$$

用方程式（6-4）取代方程式（6-3）产生以下的方程：

$$-\frac{d[O_3]}{dt} \frac{1}{[O_3]} = K_{obs}$$

$$= 3K_1[OH^-] + \sum (K_{D,i}[M_{D,i}])$$

$$+ \sum (K_{I,i}[M_{I,i}]) + \sum (K_{P,i}[M_{P,i}])R_{ct} \tag{6-5}$$

方程式（6-5）表明 K_{obs} 与 R_{ct} 值呈近似线性相关。

在纯水体系中，加入混凝剂 $AlCl_3$，混凝剂中的 Al^{3+} 表示引发剂浓度和促进剂浓度，由于混凝剂起到促进作用，因此不考虑抑制剂浓度。方程式（6-4）可以改写为以下形式：

$$R_{ct} = \frac{2K_I[OH^-] + K_I[Al^{3+}]}{K_{SS}[S] + K_s[Al^{3+}]} \tag{6-6}$$

在臭氧氧化的初始阶段（前 20 s），引发剂的浓度改变较为显著，在这个阶段有更高的 R_{ct} 值。在臭氧氧化的第二阶段，引发剂浓度应该保持相对恒定，因为该阶段 R_{ct} 是一个不变的值。因此，该模型可以合理假设引发剂的浓度，促进剂和抑制剂的计算方法为方程式（6-6）的倒数方程：

$$\frac{1}{R_{ct}} = \frac{K_{SS}[S] + K_s[Al^{3+}]}{2K_I[OH^-] + K_I[Al^{3+}]} \tag{6-7}$$

式中，K_I 和 K_s 为引发剂和抑制剂与·OH 反应的二级动力学常数〔单位：L（mg）L·mol^{-1}s^{-1}〕；K_{SS} 为·OH 和叔丁醇之间的二阶速率常数〔$K_{SS} = 6.0 \times 10^8$ L/（mol·s）〕。以 $1/R_{ct}$ 为纵坐标，以 K_{SS}〔S〕为横坐标绘制曲线。因此，K_I 和 K_s 可以通过斜率和截距分别确定。方程式（6-5）可以改写为方程式（6-8）：

$$-\frac{d[O_3]}{dt} \cdot \frac{1}{[O_3]} = K_{obs} = 3K_I[OH^-] + K_D[Al^{3+}] + K_I[Al^{3+}] + K_P[Al^{3+}]R_{ct} \tag{6-8}$$

式中，K_D 和 K_P 分别为直接反应和促进剂反应的速率常数〔单位：L（mg C）$^{-1}$ s^{-1}〕；K_{obs} 与 R_{ct} 拟合的图中，斜率表示 K_P〔Al^{3+}〕，截距表示 $3K_I$〔OH$^-$〕+ K_D〔Al^{3+}〕+ K_I〔Al^{3+}〕。因此，K_P 和 K_D 可以分别由图中的斜率和截距确定。

计算 K_I 时，不加入混凝剂，仍加入不同浓度梯度的叔丁醇。在这种情况下，R_{ct} 表达式〔方程式（6-6）〕和伪一阶臭氧分解模型〔方程式（6-8）〕可以写成方程式（6-9）和方程式（6-10），分别为

$$R_{ct} = \frac{2K_I[OH^-]}{K_{SS}[S]} \tag{6-9}$$

$$-\frac{d[O_3]}{dt} \cdot \frac{1}{[O_3]} = K_{obs} = 3K_I[OH^-] + K_P[Al^{3+}]R_{ct} \tag{6-10}$$

6.3.2 铝盐在臭氧氧化过程中的速率常数计算

1. 臭氧的衰减曲线

为了研究铝盐混凝剂在臭氧氧化过程中的速率常数，在不同叔丁醇剂量和在有无混凝剂的情况下，测定了臭氧在 HOC 反应体系中的分解特性，结果如图 6.24（a）和图 6.24（b）所示。由图可以看出，当有混凝剂存在时，臭氧分解加快，说明混凝剂能促进臭氧衰减。因为混凝剂中的金属离子能够作为臭氧氧化的催化剂，提高水中羟基自由基的产生，推动链式反应。同时，臭氧分解的速度

随着叔丁醇浓度的增大而减慢，这是由于叔丁醇与羟基自由基的反应速率常数较高 $[K_{\cdot OH/buta}=6\times10^8 L/(mol\cdot s)]$，是一种典型的羟基自由基抑制剂。叔丁醇抑制了羟基自由基的链式反应，从而减缓了 O_3 的衰减。

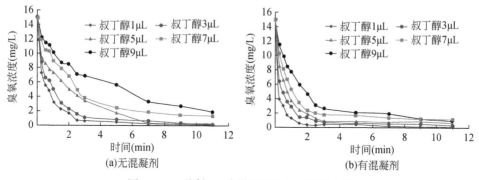

图 6.24　不同叔丁醇剂量下的臭氧衰减曲线

2. 臭氧的拟合曲线

根据 Elovitz 和 von Gunten（1999）早期的研究表明，臭氧在水体中的衰减符合一级动力学方程，因此按照一级动力学方程对其进行拟合，结果如图 6.25 所示。拟合曲线的 R^2 值均超过 0.85，说明拟合效果较好。

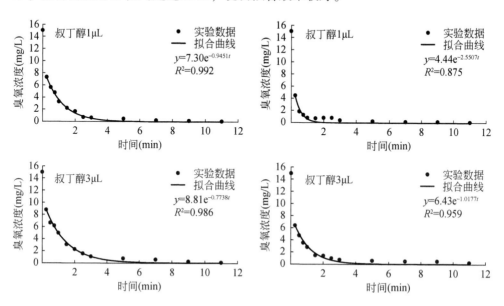

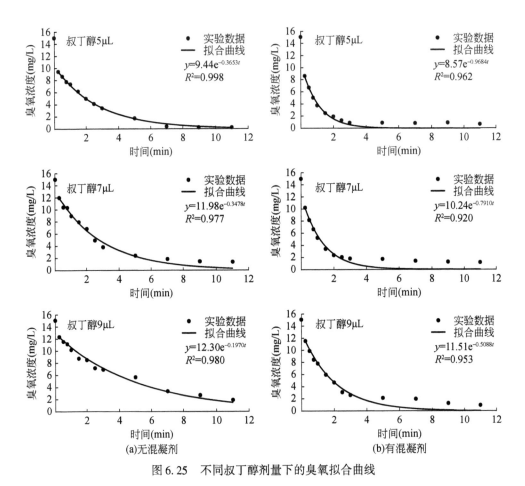

图 6.25　不同叔丁醇剂量下的臭氧拟合曲线

拟合曲线中的 k 值反映了臭氧衰减速率的大小，k 值越大，O_3 衰减速度越快。所得结果与图 6.24 绘制的臭氧衰减曲线规律一致。

3. pCBA 的分解曲线

·OH 的暴露量可以通过·OH 探针法进行间接测定，本节分析了 pCBA 在加入不同剂量叔丁醇情况下的去除情况。以［pCBA］／［pCBA］₀为纵坐标，以时间为横坐标绘制 pCBA 的去除曲线，如图 6.26（a）和图 6.26（b）所示。臭氧衰减过程中产生·OH，与指示剂 pCBA 反应使其浓度逐渐减少。叔丁醇浓度越大 pCBA 分解速率越慢，说明臭氧的衰减受到叔丁醇抑制。从图 6.26 中还可以发现加入混凝剂后曲线衰减更快，说明混凝剂对臭氧氧化的促进作用是通过促进·OH 的产生来实现的。

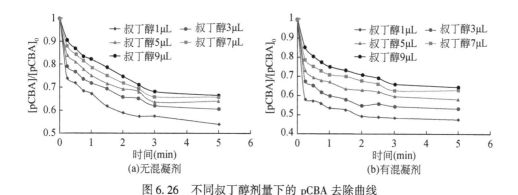

图 6.26　不同叔丁醇剂量下的 pCBA 去除曲线

4. R_{ct} 值的计算

R_{ct} 值被定义为 O_3 浓度对时间的积分与 ·OH 浓度对时间积分的比值。以 $\ln$（$[pCBA]/[pCBA]_0$）为纵坐标，以 $\int [O_3] \, dt$ 为横坐标拟合趋势线，得到不同叔丁醇剂量下投加混凝剂与不投加混凝剂的 R_{ct} 值如图 6.28 所示。结果表明叔丁醇浓度越大，R_{ct} 值越小。在相同叔丁醇浓度的情况下，混凝剂导致 R_{ct} 值变大。计算 K 值与 R_{ct} 值均是为后续计算速率常数做准备。

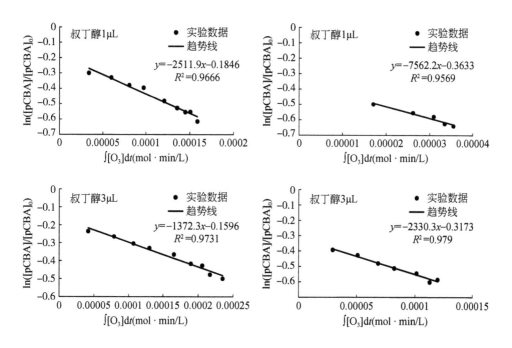

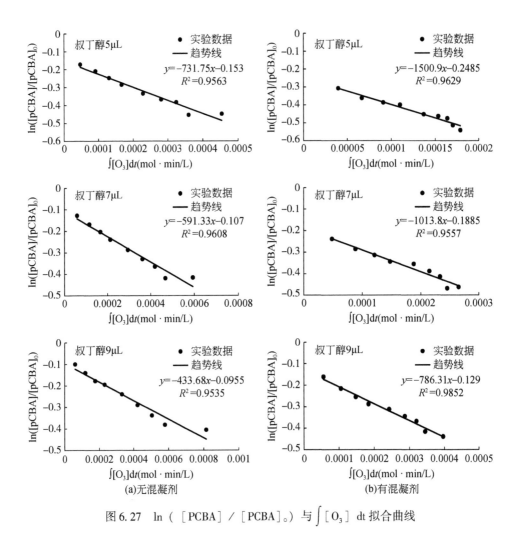

图 6.27 ln（［PCBA］／［PCBA］₀）与 ∫［O₃］dt 拟合曲线

对于参与羟基自由基链式反应的物质而言，根据它们对自由基链式反应的影响，可以分为引发剂、促进剂和抑制剂。引发剂是与臭氧分子反应生成自由基中间产物，如 $\cdot O_2^-$ 或者 $\cdot O_3^-$，从而生成羟基自由基。促进剂可以与羟基自由基反应生成另一种自由基，随后与臭氧反应继续生成羟基自由基。抑制剂可以与羟基自由基反应形成最终的产物从而终止链式反应（Staehelin and Hoigné，1985）。$AlCl_3 \cdot 6H_2O$ 可以加速臭氧的分解，促进羟基自由基的生成。因此，$AlCl_3 \cdot 6H_2O$ 很有可能是一种引发剂或者促进剂。为了计算水中 OH^- 的速率常数 K_1，在纯水体系中不加入 $AlCl_3 \cdot 6H_2O$ 的情况下进行实验，方程式（6-7）可以写成如下形式：

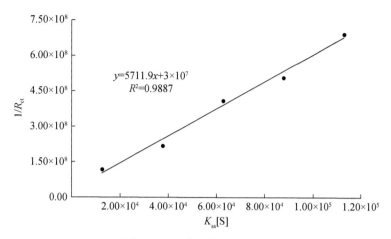

图6.28　速率常数 K_1 计算图

$$\frac{1}{R_{ct}} = \frac{K_{ss}[S]}{2K_1[OH^-]} \qquad (6-11)$$

以 $1/R_{ct}$ 为纵坐标，$K_{SS}[S]$ 为横坐标作图（图6.28），图6.28中直线的斜率可以用来求出 K_1 值。求出的 K_1 值，即79.17L/（mol·s）与文献中的 K_1 值的比较见表6.3。由表6.3可以看出，求出的 K_1 值在之前的研究所求得的 K_1 值范围内 [70～220L/（mol·s）]（Yong and Lin，2012；Staehelin and Hoigné，1982）。基于方程式（6-7），K_1 可以从以 $1/R_{ct}$ 为纵坐标，$K_{SS}[S]$ 为横坐标作图的斜率中求得 [图6.29（a）]。基于方程式（6-8），K_p 和 K_D 可以从以 K_{obs} 为纵坐标，R_{ct} 为横坐标图中的截距得到 [图6.29（b）]。

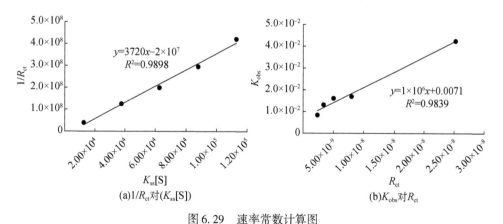

图6.29　速率常数计算图

计算得出的混凝剂 $AlCl_3 \cdot 6H_2O$ 速率常数如表6.3所示，求得的 K_1 值为

0.25L/（mol·s），其数值高于文献中污水处理厂二级出水及天然有机物的 K_I 值。但是，K_I 值低于传统引发剂 OH^- 的 K_I 值。而 K_S 是一个负值，说明 $AlCl_3 \cdot 6H_2O$ 不具有抑制剂的特性。对于计算求得 $AlCl_3 \cdot 6H_2O$ 的 K_D 值，尽管其值高于污水处理厂二级出水和天然有机物，但是 $AlCl_3 \cdot 6H_2O$ 的 K_D 值低于具有给电子官能团的有机物，如烯烃、脂肪胺、芳香族化合物、含硫有机物（四环素、卡马西平、头孢氨苄等）（Hübner et al.，2015）。求出 $AlCl_3 \cdot 6H_2O$ 的 K_p 值为 2.25×10^9 L/（mol·s），与典型促进剂甲醇相比，数量级相同（Adams et al.，1965）。这表明 $AlCl_3 \cdot 6H_2O$ 在羟基自由基链式反应中很可能扮演促进剂的角色。

表6.3　混凝剂 $AlCl_3 \cdot 6H_2O$ 的速率常数以及相应参考值之间的比较

速率常数	计算值 [L /（mol·s）]	文献值 [L /（mol·s）]	模型成分或离子	参考文献
K_1	79.17	70	OH⁻	Staehelin 和 Hoigné（1982）
		160		Yong 和 Lin（2012）
		180		Bezbarua（1981）
		220		Elovitz 和 von Gunten（1999）
		161		Yong 和 Lin（2013）
K_1	0.25	1.81×10^{-4}	EfOM	Cai 和 Lin（2016）
		1.96×10^{-4}		Cai 和 Lin（2016）
		2.4×10^{-4}	NOM	Yong 和 Lin（2013）
		2.0×10^{-4}		Yong 和 Lin（2013）
		2.2×10^{-4}		Yong 和 Lin（2013）
K_S	-1.21×10^7	7.9×10^7	乙酸	Buxton 等（1988）
		8.2×10^7		Yong 和 Lin（2013）
		3.10×10^2	EfOM	Cai 和 Lin（2016）
		2.28×10^3		Cai 和 Lin（2016）
		3.9×10^3	NOM	Yong 和 Lin（2013）
		4.4×10^3		Yong 和 Lin（2013）
		6.3×10^3		Yong 和 Lin（2013）

续表

速率常数	计算值〔L/(mol·s)〕	文献值〔L/(mol·s)〕	模型成分或离子	参考文献
K_D	15.19	$4.15×10^{-4}$	EfOM	Cai 和 Lin (2016)
		$3.71×10^{-4}$		Cai 和 Lin (2016)
		$6.0×10^{-4}$	NOM	Yong 和 Lin (2013)
		$3.8×10^{-4}$		Yong 和 Lin (2013)
		$2.5×10^{-4}$		Yong 和 Lin (2013)
K_P	$2.25×10^9$	$8.5×10^7$	甲醇	Willson 和 Lin (1971)
		$9.7×10^8$		Buxton 和 Lin (1988)
		$1.2×10^9$		Adams 和 Lin (1965)
		$1.3×10^9$		Yong 和 Lin (2013)
		$1.79×10^4$	EfOM	Cai 和 Lin (2016)
		$1.31×10^4$		Cai 和 Lin (2016)

参 考 文 献

Adams G E, Boag J W, Gurrant J, et al. 1965. Absolute rate constants for the reaction of the hydroxyl radical with organic compounds. //Ebert M, Keene J P, Swallow A J, et al. Pulse Radiolysis. New York: Academic Press.

Audenaert W T M, Vandierendonck D, van Hulle S W H, et al. 2013. Comparison of ozone and HO · induced conversion of effluent organic matter (EfOM) using ozonation and UV/H_2O_2 treatment. Water Research, 47 (7): 2387-2398.

Bezbarua H, Hoigné J, 1981. Determination of ozone in water by the indigo method. Water Research, 15: 449-456.

Bose P, Reckhow D. 2007. The effect of ozonation on natural organic matter removal by alum coagulation. Water Research, 41 (7): 1516-1524.

Brffle M O, von Gunten U. 2006. Phenols and amine induced HO · generation during the initial phase of natural water ozonation. Environmental Science and Technology, 40 (9): 3057-3063.

Buffle M O, Schumacher J, Meylan S, et al. 2006b. Ozonation and advanced oxidation of wastewater: effect of O_3 dose, pH, DOM and HO · scavengers on ozone decomposition and HO · generation. Ozone: Science and Engineering, 28 (4): 247-259.

Buffle M O, Schumacher J, Salhi E, et al. 2006a. Measurement of the initial phase of ozone decomposition in water and wastewater by means of a continuous quench-flow system: application to disinfection and pharmaceutical oxidation. Water Research, 40 (9): 1884-1894.

Buxton G V, Greenstock C L, Helman W P, et al. 1988. Critical review of rate constants for reactions of hydrated electrons, hydrogen atoms and hydroxyl radicals in aqueous solution. Journal of Physics and Chemical Reference Data, 17: 513-886.

Cai M J, Lin Y P. 2016. Effects of effluent organic matter (EfOM) on the removal of emerging contaminants by ozonation. Chemosphere, 151: 332-338.

Chiang P C, Chang E E, Chang P C, et al. 2009. Effects of pre-ozonation on the removal of THM precursors by coagulation. Science of the Total Environment, 407 (21): 5735-5742.

Chiang P C, Chang E E, Liang C H. 2002. NOM characteristics and treatabilities of ozonation processes. Chemosphere, 46 (6): 929-936.

Duan J, Gregory J. 2003. Coagulation by hydrolysing metal salts. Advances in Colloid and Interface Science, 100-102: 475-502.

Elovitz M S, von Gunten U. 1999. Hydroxyl radical/ozone ratios during ozonation processes. I. the R_{ct} concept. Ozone Science and Engineering, 21 (3): 239-260.

Farvardin M R, Collins A G. 1989. Preozonation as an aid in the coagulation of humic substances-optimum preozonation dose. Water Research, 23 (3): 307-316.

Ghazi N M, Lastra A A, Watts M J. 2014. Hydroxyl radical ($\cdot$OH) scavenging in young and mature landfill leachates. Water Research, 56: 148-155.

Han S K, Ichikawa K, Utsumi H. 1998. Quantitative analysis for the enhancement of hydroxyl radical generation by phenols during ozonation of water. Water Research, 32 (11): 3261-3266.

Holbrook R D, Yen J H, Grizzard T J. 2006. Characterizing natural organic material from the Occoquan watershed (Northern Virginia, US) using fluorescence spectroscopy and PARAFAC. Science of the Total Environment, 361 (1-3): 249-266.

Huang X, Li X, Pan B, et al. 2015. Self-enhanced ozonation of benzoic acid at acidic pHs. Water Research, 73: 9-16.

Huber M M, Göbel A, Joss A, et al. 2005. Oxidation of pharmaceuticals during ozonation of municipal wastewater effluents: a pilot study. Environmental Science and Technology, 39 (11): 4290-4299.

Hui Z, Dong Y, Jiang P, et al. 2015. $ZnAl_2O_4$ as a novel high-surface-area ozonation catalyst: one-step green synthesis, catalytic performance and mechanism. Chemical Engineering Journal, 260: 623-630.

Hübner U, Von G U, Jekel M. 2015. Evaluation of the persistence of transformation products from ozonation of trace organic compounds-a critical review. Water Research, 68 (347): 150-170.

Ikhlaq A, Brown D R, Kasprzyk-Hordern B. 2012. Mechanisms of catalytic ozonation on alumina and zeolites in water: formation of hydroxyl radicals. Applied Catalysis B: Environmental, 123-124: 94-106.

Ikhlaq A, Brown D R, Kasprzyk-Hordern B. 2013. Mechanisms of catalytic ozonation: an investigation into superoxide ion radical and hydrogen peroxide formation during catalytic ozonation on alumina and zeolites in water. Applied Catalysis B: Environmental, 129: 437-449.

Jin X, Jin P K, Wang X C. 2015. A study on the effects of ozone dosage on dissolved-ozone flotation (DOF) process performance. Water Science and Technology, 71 (9): 1423-1428.

Jung J, Lee M J. 2002. EPR investigation on the efficiency of hydroxyl radical production of gamma-ir-radiated anatase and bentonite. Water Research, 36 (13): 3359-3363.

Kasprzyk-Hordern B, Ziólek M, Nawrocki J. 2003. Catalytic ozonation and methods of enhancing molecular ozone reactions in water treatment. Applied Catalysis B: Environmental, 46 (4): 639-669.

Lee Y, von Gunten U. 2010. Oxidative transformation of micropollutants during municipal wastewater treatment: comparison of kinetic aspects of selective (chlorine, chlorine dioxide, ferrate VI, and ozone) and non-selective oxidants (hydroxyl radical). Water Research, 44 (2): 555-566.

Li T, Yan X M, Wang D S, et al. 2009. Impact of preozonation on the performance of coagulated flocs. Chemosphere, 75 (2): 187-192.

Lim H N, Choi H, Hwang T M, et al. 2002. Characterization of ozone decomposition in a soil slurry: kinetics and mechanism. Water Research, 36 (1): 219-229.

Lin J L, Chin C J, Huang C, et al. 2008. Coagulation behavior of Al (13) aggregates. Water Research, 42 (16): 4281-4290.

Liu H L, Cheng F Q, Wang D S. 2009. Interaction of ozone and organic matter in coagulation with inorganic polymer flocculant-PACl: Role of organic components. Desalination, 249 (2): 596-601.

Liu H L, Wang D S, Wang M, et al. 2007. Effect of pre-ozonation on coagulation with IPF-PACls: Role of coagulant speciation. Colloids and Surfaces A: Physicochemical and Engineering Aspects, 294 (1-3): 111-116.

Ma J, Graham N J D. 2000. Degradation of atrazine by manganese-catalysed ozonation-influence of radical scavengers. Water Research, 34 (15): 3822-3828.

Meunier L, Canonica S, von Gunten U. 2006. Implications of sequential use of UV and ozone for drinking water quality. Water Research, 40 (9): 1864-1876.

Qi F, Chen Z, Xu B, et al. 2008. Influence of surface texture and acid-base properties on ozone decomposition catalyzed by aluminum (hydroxyl) oxides. Applied Catalysis B: Environmental, 84 (3-4): 684-690.

Qi F, Xu B, Chen Z, et al. 2009. Influence of aluminum oxides surface properties on catalyzed ozonation of 2, 4, 6-trichloroanisole. Separation and Purification Technology, 66 (2): 405-410.

Qi F, Xu B, Chen Z, et al. 2010. Mechanism investigation of catalyzed ozonation of 2-methylisoborneol in drinking water over aluminum (hydroxyl) oxides: role of surface hydroxyl group. Chemical Engineering Journal, 165 (2): 490-499.

Rechow D A, Legube B, Singer P C. 1986. The ozonation of organic halide precursors: effect of bicarbonate. Water Research, 20 (8), 987-998.

Reckhow D A, Singer P C. 1984. Removal of organic halide precursors by pre-ozonation and alum coagulation. Journal-American Water Works Association, 76 (4): 151-157.

Rosenfeldt E J, Linden K G, Canonica S, et al. 2006. Comparison of the efficiency of · OH radical formation during ozonation and the advanced oxidation processes O_3/H_2O_2 and UV/H_2O_2. Water Research, 40 (20): 3695-3704.

Selcuk H, Rizzo L, Nikolaou A N, et al. 2007. DBPs formation and toxicity monitoring in different origin water treated by ozone and alum/PAC coagulation. Desalination, 210 (1-3): 31-43.

Singer P C, Arlotta C, Snider-Sajdak N, et al. 2003. Effectiveness of pre- and intermediate ozonation on the enhanced coagulation of disinfection by-product precursors in drinking water. Ozone: Science and Engineering, 25 (6): 453-471.

Snyder S A, Wert E C, Rexing D J, et al. 2006. Ozone oxidation of endocrine disruptors and pharmaceuticals in surface water and wastewater. Ozone: Science and Engineering, 28 (6): 445-460.

Staehelin J, Hoigné J. 1982. Decomposition of ozone in water: rate of initiation by hydroxide ions and hydrogen peroxide. Environmental Science and Technology, 16 (10): 676-681.

Staehelin J, Hoigné J. 1985. Decomposition of ozone in water in the presence of organic solutes acting as promoters and inhibitors of radical chain reactions. Environmental Science & Technology, 19 (12): 1206-1213.

Ternes T A, Stüber J, Herrmann N, et al. 2003. Ozonation: a tool for removal of pharmaceuticals, contrast media and musk fragrances from wastewater. Water Research, 37 (8): 1976-1982.

von Gunten U. 2003. Ozonation of drinking water: Part I. Oxidation kinetics and product formation. Water Research, 37 (7): 1443-1467.

Wert E C, Gonzales S, Dong M M, et al. 2011. Evaluation of enhanced coagulation pretreatment to improve ozone oxidation efficiency in wastewater. Water Research, 45 (16): 5191-5199.

Wert E C, Rosario-Ortiz F L, Drury D D, et al. 2007. Formation of oxidation byproducts from ozonation of wastewater. Water Research, 41 (7): 1481-1490.

Wert E C, Rosario-Ortiz F L, Snyder S A. 2009. Effect of ozone exposure on the oxidation of trace organic contaminants in wastewater. Water Research, 43 (4): 1005-1014.

Willson R L, Greenstock C L, Adams G E, et al. 1971. The standardization of hydroxyl radical rate date from radiation chemistry. International Journal of Radiation Oncology Biology Physics, 3: 211-220.

Yan M Q, Wang D S, Shi B B, et al. 2007. Effect of pre-ozonation on optimized coagulation of a typical North-China source water. Chemosphere, 69 (11): 1695-1702.

Yong E L, Lin Y P. 2012. Incorporation of initiation, promotion and inhibition in the Rct concept and its application in determining the initiation and inhibition capacities of natural water in ozonation. Water Research, 46 (6): 1990-1998.

Yong E L, Lin Y P. 2013. Kinetics of natural organic matter as the initiator, promoter, and inhibitor, and their influences on the removal of ibuprofen in ozonation. Ozone: Science and Engineering, 35 (6): 472-481.

Zhang H, Yamada H, Tsuno H. 2008b. Removal of endocrine-disrupting chemicals during ozonation of municipal sewage with brominated byproducts control. Environmental Science and Technology, 42 (9): 3375-3380.

Zhang T, Lu J, Ma J, et al. 2008a. Comparative study of ozonation and synthetic goethite- catalyzed ozonation of individual NOM fractions isolated and fractionated from a filtered river water. Water Research, 42 (6-7): 1563-1570.

Zhao H, Liu H, Qu J. 2011. Aluminum speciation of coagulants with low concentration: analysis by electrospray ionization mass spectrometry. Colloids and Surfaces A: Physicochemical and Engineering Aspects, 379 (1-3): 43-50.

Zhao L, Sun Z, Ma J. 2009. Novel relationship between hydroxyl radical initiation and surface group of ceramic honeycomb supported metals for the catalytic ozonation of nitrobenzene in aqueous solution. Environmental Science and Technology, 43 (11): 4157-4163.

第7章 臭氧混凝互促增效机制的应用

基于臭氧混凝互促增效原理，如果将传统气浮工艺中的空气换成臭氧气体，在接触区中会形成混凝与臭氧微气泡共存的体系，实现臭氧与混凝之间的相互促进，提高溶解性有机物的去除效率与分离效率。因此，本书作者开发并设计了一种臭氧溶气气浮一体化装置（dissolved-ozone flotation，DOF），DOF 是一种新型水处理工艺，该工艺将臭氧氧化与气浮有机结合在一起，混凝、分离、除色、嗅味去除及消毒可以在一个 DOF 反应器内同时实现（Lee et al.，2008；Jin et al.，2006）。正因为如此，DOF 反应器在污水处理厂二级出水深度处理中的应用越来越广泛（Lee et al.，2007；Jin et al.，2006），与传统污水深度处理相比，DOF 工艺在除色、嗅味和有机物去除等方面效果更好，同时，DOF 工艺的水力停留时间较短，占地面积较小（Jin et al.，2006）。除此之外，DOF 工艺还应用于污水处理厂二级处理（Lee et al.，2008）、饮用水处理（Lee et al.，2009a，2009b）、印染废水处理（Kim et al.，2011）及屠宰废水处理（Lee et al.，2006）等。

因为其很强的氧化性，臭氧被广泛应用于水和废水的处理中（John et al.，2005；Graham et al.，2004）。通常情况下，臭氧可以用来除色（Shu and Chang，2005；Selcuk et al.，2005）、去除难生物降解有机物等（Saroj et al.，2005）。将臭氧引入传统气浮工艺可以提高传统气浮工艺的去除效率，Lee 等（2007）的研究指出臭氧不但可以通过其助凝作用提高溶气气浮系统的分离效率，而且由于臭氧比空气在水中的溶解度高，可以提高微气泡在气浮系统中的体积。因此，加入臭氧后会减少混凝剂的使用量和提高分离的效果，同时臭氧的强氧化性还可以提高气浮系统对色度、嗅味及有机物的去除效率（Shu and Chang，2005；Graham et al.，2004），臭氧在气浮系统里也可以起到消毒作用，保障回用水的安全（Lee et al.，2008）。

根据第 6 章中所述的臭氧与混凝剂的互促增效机制，在 DOF 系统的接触区内，臭氧氧化与混凝同时进行，存在互促增效机制，还存在羟基自由基的氧化反应，促进混凝剂向聚合态的水解产物水解，提高整个系统的溶解性有机物去除效率。

本章全面分析了 DOF 工艺在污水深度处理过程中的处理特性，基于主体 DOF 工艺，提出了多级臭氧气浮工艺（dual-step ozone induced flotation，DOIF）

及膜臭氧气浮工艺（membrane dissolved ozone flotation，MDOF），并分别评价了这两种工艺的处理特性。

根据第 6 章的研究结果，臭氧混凝互促增效机制的实现需要使臭氧氧化和混凝在同一体系内进行，而传统的溶气气浮工艺具有一个接触区，设置接触区的目的是使微气泡和絮凝形成的絮体充分接触，在后续的分离区进行分离，图 7.1 为传统溶气气浮工艺（dissolved air flotation，DAF），由图 7.1 可以看出，整个 DAF 装置分为两个部分，前端为接触区，后部为分离区。在接触区中，细小的微气泡（10～100 μm）会与絮体接触，形成絮体-微气泡聚合体。随后，接触区内部的絮体-微气泡聚合体、微气泡、没有和微气泡接触的絮体流入后续的分离区，微气泡、絮体-微气泡聚合体会升至分离区表面，分离区上部会逐渐形成一层浮渣层，积累一段时间后会由刮渣机排出分离区，分离区的底部设置出水口。溶气水是由出水部分回流经过溶气泵形成，随后引入气浮装置的接触区。

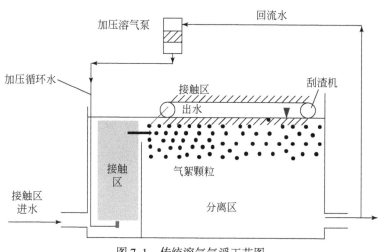

图 7.1　传统溶气气浮工艺图

资料来源：James et al.，2010.

在传统溶气气浮的接触区，存在气泡和混凝絮体共存的体系，如果将空气微气泡替换为臭氧微气泡，在接触区内即可以实现臭氧氧化和混凝同时作用的情况，在传统溶气气浮工艺的接触区产生互促增效的机制，提高传统溶气气浮工艺对溶解性有机物的去除效率。然而，传统溶气气浮占地面积大，而且由于顶部敞开，很容易造成浮渣飞扬的情况，因此将臭氧气浮装置设计成竖流式气浮系统，这样一来，浮渣可以在封闭的条件下进行收集，由于分离区的高水位造成接触区的水压较大，形成的臭氧微气泡不易衰减和逸散，保证了互促增效的效果、臭氧气浮装置周围的环境和操作人员的安全。

7.1 城市污水深度处理

7.1.1 臭氧气浮工艺

DOF 一体化处理工艺如图 7.2 所示（申请号：ZL 200410073500.4，申请号：ZL 201110122083.8，申请号：ZL 201310654568.0），主要由进水系统、柱体、溶气系统三部分组成。柱体总高为 3000 mm，内径为 780 mm，有效容积为 1 m³ 左右。进水采用西安市某 A²O（anaerobic-anoxic-oxic，厌氧-缺氧-好氧）工艺污水处理厂氯化消毒池出水，处理能力为 1.5 m³/h，水力停留时间为 40 min。

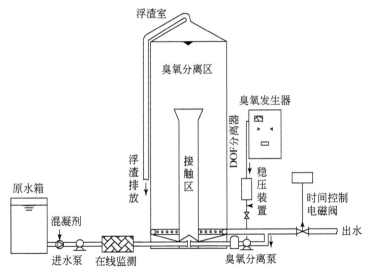

图 7.2　DOF 工艺图

DOF 装置的主要部分为一个封闭的分离柱，分离柱中间设一个内柱作为接触区。因此，整个柱体可以分为接触区和分离区两部分，在整个装置的顶部设有一个倒锥形的浮渣室，在整个装置的底部有两个进水口，一个为原水的进水口，即经过混凝和管道混合器的污水处理厂二级出水，另一个为臭氧溶气水（回流液）的进水口，原水和臭氧溶气水在接触区内进行充分混合。整个工艺出水的一部分通过溶气泵进行臭氧气体的溶解，臭氧通过臭氧发生器产生（空气源，20 g/h，江苏康尔臭氧有限公司）。因此，在接触区中臭氧会与有机物反应，有机物与微气泡也会结合。在分离区中，气浮产生的浮渣在顶部浮渣室进行收集，处理后的水通过柱体底部的穿孔集水管进行收集。在 DOF 装置的出水管上设有一个常开电磁阀，由时间继电器控制，因此该电磁阀可以实现在预先设定好的时间间隔自动地开与关。当电磁阀打开时，处理后的水正常排出 DOF 装置，当电磁阀关闭时，处理后的水不能正常排出，柱体内的水位上升，浮渣室内的浮渣通过顶部的排渣管排放，排放一段时间后进水管上安装的常闭电磁阀也断电关闭，使柱体内液面降低到正常位置，随后进水管上的常闭电磁阀通电开启，DOF 装置继续正常运行。

1. 色度去除效果

图 7.3 为 DOF 工艺在不同臭氧投加量时对色度的去除效果。由图 7.3 可以看出，DOF 工艺在过滤前对色度的去除率较高，过滤后色度进一步得到去除。色度去除率在臭氧投加量为 0 ~ 0.8 mg/L 时，随着投加量的增加色度去除率升高。当臭氧投加量高于 0.8 mg/L 时，色度去除率基本保持不变。经过过滤后 DOF 工艺对色度的去除率在 80% 以上，同时基本不受臭氧投加量的影响，其出水色度稳定在 10 c. u. 左右。

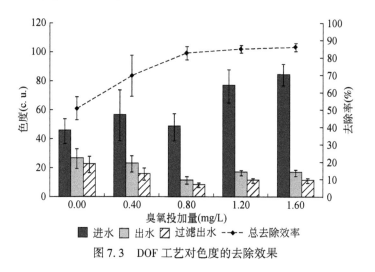

图 7.3　DOF 工艺对色度的去除效果

水处理中的色度可以分为两部分，一部分为表观色度，一部分为真实色度，表观色度是由悬浮物引起的，真实色度是由不饱和键及苯环类的有机物引起的。传统的污水深度处理工艺可以去除表观色度，但是对真实色度的去除率十分有限。DOF 工艺对色度去除的机理主要为臭氧破坏了引起真实色度有机物的结构，同时，DOF 工艺中的气浮和分离部分可以去除表观色度。在 DOF 工艺中，臭氧会溶解在回流水中引入 DOF 工艺柱体中，因此，与传统的臭氧氧化工艺相比，DOF 工艺中臭氧与有机物的反应可以更加迅速，因此，DOF 工艺中臭氧投加量普遍偏低。

2. 浊度去除效果

DOF 工艺对于浊度的去除效果如图 7.4 所示，污水处理厂二级出水中含有一定量的悬浮物，从而引起了污水处理厂二级出水中的浊度。当进水浊度在 2 NTU 以下时，出水浊度基本稳定在 1.5 NTU。当臭氧投加量增加至 1.6 mg/L 时，实验已经进行到冬季，进水浊度有所上升，升至 2.7 NTU。然而，DOF 工艺的出水浊度仍然稳定在 1.5 NTU 左右，这是因为大部分絮体可以通过气浮分离去除，然而，尺寸很大的絮体很难通过气浮工艺去除。经过过滤后，臭氧氧化的浊度在 1 NTU 以下，总浊度的去除率不受臭氧投加量的影响，这是因为臭氧主要与水中的溶解性有机物反应，对浊度的去除影响不大。

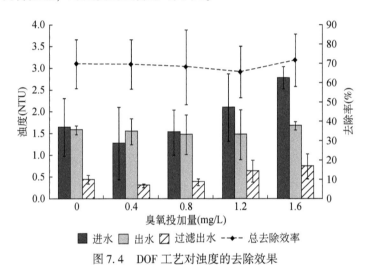

图 7.4 DOF 工艺对浊度的去除效果

3. 有机物去除效果

图 7.5 分别为 DOF 工艺对 UV_{254} 和 TOC 的去除效果，UV_{254} 可以反映有机物中不饱和键和苯环类有机物的相对含量，根据第 5 章的研究结果，臭氧氧化可以对 UV_{254} 有较好的去除效果。由图 7.5 可以看出，在没有臭氧的情况下，单纯的气浮工艺即可以去除 UV_{254}，后续过滤工艺对 UV_{254} 的去除不明显。当不投加臭氧时，UV_{254} 的去除率最低，当臭氧投加量为 0.4 mg/L 时，UV_{254} 的去除率明显升高。但是，后续臭氧投加量的增加对 UV_{254} 去除率的提升比较有限，去除率稳定在 50%~60%，因此可以推断，臭氧可以改变有机物的结构，特别是不饱和结构及苯环结构有机物，形成小分子有机物。

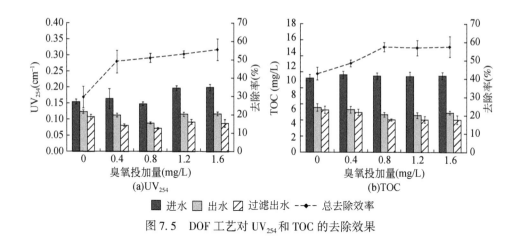

(a)UV$_{254}$ (b)TOC

■ 进水   ▨ 出水   ▨ 过滤出水   --◆-- 总去除效率

图 7.5   DOF 工艺对 UV$_{254}$ 和 TOC 的去除效果

与 UV$_{254}$ 的去除相同，在没有臭氧投加的情况下，TOC 就有一定的去除，臭氧投加量对过滤工艺去除 TOC 的效率没有明显影响。当臭氧投加量在 $0 \sim 0.8$ mg/L 时，TOC 的总去除效率随着臭氧投加量的增加而提升，当臭氧投加量在 0.8 mg/L 以上时，TOC 的去除不再受到臭氧投加量的影响，此时，DOF 工艺装置出水的 TOC 稳定在 $5 \sim 6$ mg/L，去除率为 58% 左右。对比不投加臭氧时和臭氧投加量大于 0.8 mg/L 可以看出，其有机物去除率明显提高，说明臭氧和混凝在 DOF 工艺中存在互促增效机制，DOF 工艺可以实现臭氧和混凝剂之间的互促增效效果，提高溶解性有机物的去除效率。

4. 消毒效果

在污水深度处理后，其回用水的用途很多，但是无论何种回用方式均需要消毒工艺来确保回用水的安全。在 DOF 工艺中，臭氧不仅可以作为氧化剂进行有机物的去除，也可以作为消毒剂。由图 7.6 可以看出，消毒效果总体而言随着臭氧投加量的增加而有所提升。由图 7.6 还可以看出，当臭氧投加量在 0.8 mg/L 以下时，DOF 工艺的消毒效果很差，结合图 7.5 可以看出，臭氧投加量在 0.8 mg/L 时，有机物的去除率达到最大值，此时，消毒效果有了明显提升，这表明臭氧在 DOF 工艺中优先作为氧化剂，当所有可以被氧化有机物去除后，臭氧会起到很好的消毒作用。换句话说，DOF 工艺的消毒效果只在有机物处理工艺达到最优时实现。当臭氧投加量为 1.6 mg/L 时，DOF 工艺的消毒效果达到最优。

DOF 工艺中臭氧可以通过对溶解性有机物的直接氧化将其去除，也可以通过臭氧氧化提高有机物的可混凝性，通过混凝将有机物去除，具体机理为臭氧可以改变有机物的结构，提高有机物中羧基和羟基的含量，提高有机物在混凝过程中的去除效率，但是臭氧投加量需要进行很好的控制，因为过高的臭氧投加量会造

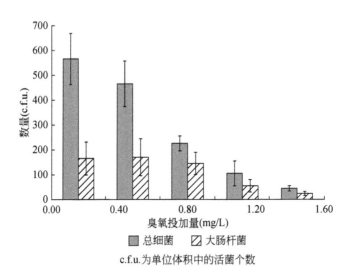

图 7.6　DOF 工艺的消毒效果

成有机物的过度氧化，将疏水性的有机物转化为亲水性有机物，而混凝对亲水性有机物的去除效果很差。然而，DOF 工艺中的臭氧投加量很小，投加量为 0.8 mg/L 时，有机物的去除效率可以达到最高。因此，DOF 工艺中存在臭氧对混凝的促进作用，使 DOF 工艺对有机物的去除效率得以提升。

　　DOF 工艺的接触区内，臭氧微气泡大量释放，原水经过管道混合器后含有大量有机物与混凝剂形成的絮体，根据第 6 章的研究结果，臭氧氧化和混凝剂在接触区存在互促增效的机制，即混凝剂可以促进臭氧的分解，产生羟基自由基，通过羟基自由基反应提高溶解性有机物的去除效率，这也是 DOF 工艺去除有机物的另外一个重要途径。

7.1.2　多级臭氧气浮工艺

　　多级臭氧气浮工艺如图 7.7 所示（申请号：ZL 201410616487.6），主要由进水系统、多级臭氧气浮单元、溶气系统三部分组成。柱体由封闭隔板分为上下两层，上层为气浮分离区，下层为第二级氧化区。主体总高为 3900 mm，内径为 780 mm，有效容积为 1.5 m^3，水力停留时间为 60 min。第二级氧化区的结构如图 7.8 所示。该装置进水采用西安某 A^{2}O 工艺污水处理厂二沉池出水。

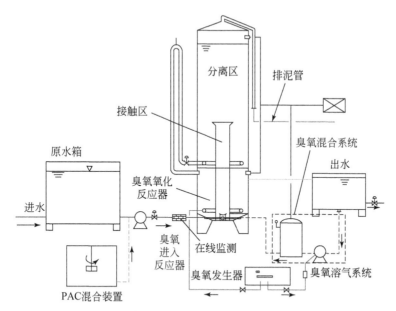

图 7.7 多级臭氧气浮工艺图

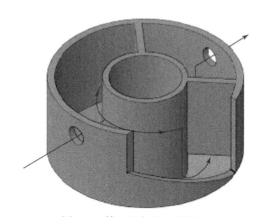

图 7.8 第二级氧化区结构图

多级臭氧气浮装置的运行与 DOF 装置相同，区别为加入了第二级氧化区，停留时间为 20 min，第二级氧化区底部布置若干个微孔爆气头。根据臭氧和空气在水中的溶解度可知，20℃时在本实验的溶气压力为 0.4 MPa 情况下，空气和臭氧的溶解度均很低，均在 10% 以下，换言之，如果臭氧的曝气流量为 $1.5m^3/h$，那么能溶解到水中的臭氧气体实际只有不到 $0.15m^3/h$，因此产生的大量臭氧气体均不能溶解，而是直接浪费掉了，因此多级臭氧气浮装置的意义在于除了溶解臭氧外，该工艺可以将多余的气体用于第二级氧化，避免了臭氧的浪费，同时提高了溶解性有机物的去除效率。

1. 色度去除效果

多级臭氧气浮工艺对色度的去除效果较好,下层第二级氧化区对色度可以进一步去除。多级臭氧气浮工艺结合了混凝、气浮与臭氧氧化工艺,对水中的表观色度和真实色度均有去除效果,如图7.9所示。原水色度为2.6～3.1 c. u.,经多级臭氧气浮工艺处理后的出水色度稳定在1.0～1.5 c. u.,平均去除率约为60%。

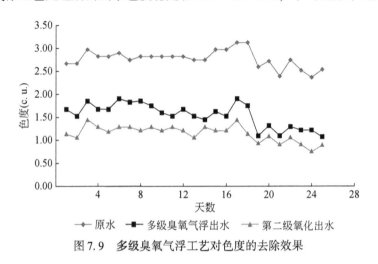

图7.9　多级臭氧气浮工艺对色度的去除效果

2. 浊度去除效果

因为低浊水本身浊度较小,所以多级臭氧气浮工艺对浊度的去除率有限,出水浊度波动较大。由图7.10可以看出,进水浊度为2.0～5.0 NTU,经多级臭氧气浮工艺处理后的出水浊度为1.0～4.0 NTU,平均总去除率约为60%。第二级氧化工艺对浊度的去除率也十分有限。

3. 总磷去除效果

多级臭氧气浮工艺对总磷的去除,主要通过混凝过程实现,传统的化学去除方法也主要是通过混凝工艺实现的。在该工艺中,原水经过混凝后,所含颗粒态磷与其他颗粒物一同被包裹在絮体中,最后通过气浮作用被排出。图7.11是多级臭氧气浮工艺对总磷的去除情况。原水总磷为0.1～0.2 mg/L,经多级臭氧气浮工艺处理后的出水总磷稳定在0.07 mg/L以下,第二级氧化工艺对总磷有一定的去除效果。

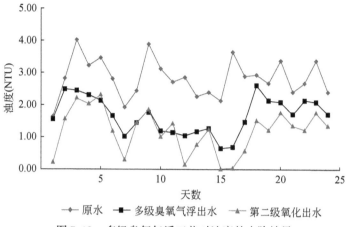

图 7.10　多级臭氧气浮工艺对浊度的去除效果

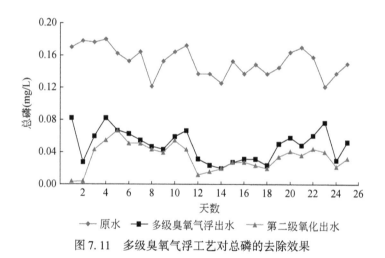

图 7.11　多级臭氧气浮工艺对总磷的去除效果

4. 消毒效果

根据《城市污水再生利用城市杂用水水质》（GB/T 18920—2002）中的要求，污水深度处理需要考虑回用水的消毒问题，在多级臭氧气浮工艺中臭氧可以起到消毒作用，进一步的臭氧氧化能够起到进一步地控制再生水的微生物指标的作用。图 7.12 为多级臭氧气浮工艺对大肠杆菌的去除效果。由图 7.12 可以看出，原水大肠杆菌为 300 ~ 600 c. f. u. /mL，经多级臭氧气浮工艺处理后的出水大肠杆菌可以稳定在 50 c. f. u. /mL 以下。

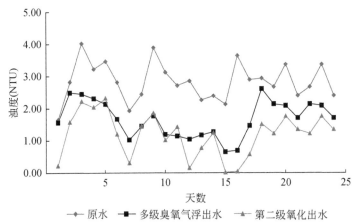

图 7.12　多级臭氧气浮工艺对大肠杆菌的去除效果

5. 有机物去除效果

图 7.13 是多级臭氧气浮工艺对 UV_{254} 和 TOC 的去除情况，原水 UV_{254} 为 0.12 ~ 0.13 cm^{-1}，经多级臭氧气浮工艺处理后的出水 UV_{254} 稳定在 0.07 ~ 0.08 cm^{-1}，总去除率约为 40%，第二级氧化工艺可以进一步去除 UV_{254}。原水 TOC 为 5.0 ~ 7.0 mg/L，经多级臭氧气浮工艺处理后的出水 TOC 稳定在 4.0 ~ 5.8 mg/L，总去除率约为 20%，而第二级氧化工艺对有机物的碳化作用不是很明显，这是因为有机物的去除主要通过气浮分离，将有机物絮体排出而实现。而第二级氧化工艺主要是臭氧的直接氧化，对有机物的去除效果有限。

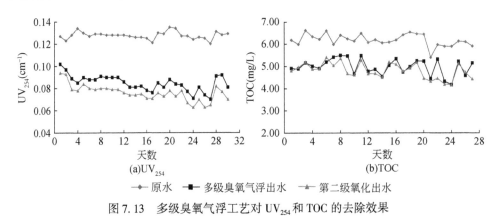

图 7.13　多级臭氧气浮工艺对 UV_{254} 和 TOC 的去除效果

图 7.14 为多级臭氧气浮工艺的 EEM 图谱，由 7.14 可以看出，污水处理厂

二级出水中以腐殖质类有机物为主,多级臭氧气浮工艺对该类有机物的去除效果较好,第二级氧化工艺可以进一步去除这一类的有机物,使其荧光强度降低,同时,荧光峰的位置发生了蓝移,说明进一步的氧化使有机物中苯环及共轭键的数量减少,导致荧光峰产生了一定程度的蓝移(Leenheer,2009)。图 7.15 为多级臭氧气浮工艺中原水、气浮出水及第二级氧化出水的分子量分布,由图 7.15 可以看出,经过第二级氧化后,小分子的有机物含量明显增加,在第一级臭氧气浮过程中,分子量分布基本不变,只是强度在处理过程有所降低。

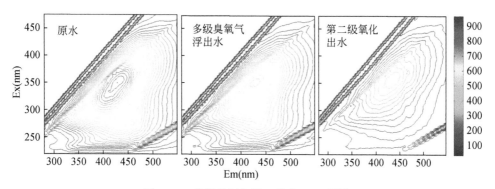

图 7.14　多级臭氧气浮工艺中 EEM 图谱

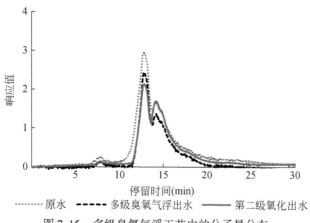

图 7.15　多级臭氧气浮工艺中的分子量分布

7.1.3　MDOF 一体化工艺

MDOF 一体化处理工艺如图 7.16 所示(申请号:201510512288.5),主要由进水系统、臭氧气浮单元、溶气系统、膜分离 4 部分组成。柱体总高为 3000 mm,内径为 780 mm，有效容积为 1 m³ 左右，水力停留时间为 40 min。膜组件采用上海斯纳普聚偏氟乙烯（polyviny lidene fluoride，PVDF）微滤平板膜（SINAP10），膜孔径为 0.1 μm，放置方式如图 7.16 所示，平板膜底部为穿孔曝气管，对平板膜进行扰动。该装置进水采用西安某 A²O 工艺污水处理厂二沉池出水。

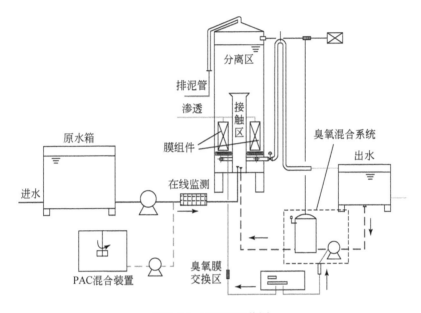

图 7.16　MDOF 工艺图

MDOF 的运行与 DOF 装置相同，MDOF 装置也利用没有溶解的多余臭氧给微滤膜进行曝气，避免臭氧气体浪费。该工艺充分利用 DOF 装置 3m 的高差，在 DOF 装置底部安装了膜组件，因此膜组件可以充分利用 DOF 装置的高差，膜组件可以在没有高压泵抽吸的情况下产水，降低了膜分离工艺的能耗和污水回用的成本。

1. 色度去除效果

图 7.17 为 MDOF 工艺对色度的去除效果，原水色度主要集中在 2~3 c.u.，MDO 下工艺出水色度主要集中在 1.5 c.u. 左右，微滤工艺对色度没有进一步的去除，原因为表观色度和部分真实色度在膜臭氧气浮阶段已经去除，剩余的真实色度主要是溶解性有机物引起的，而微滤工艺对溶解性有机物的去除十分有限，因此 MDOF 工艺的微滤工艺对色度没有去除效果。

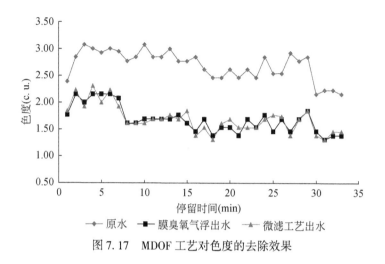

图 7.17   MDOF 工艺对色度的去除效果

2. 浊度去除效果

图 7.18 为 MDOF 工艺对浊度的去除效果，原水浊度在 0.5 ~ 4 NTU，膜臭氧气浮阶段出水浊度波动也比较大，原因是因为膜臭氧气浮分离过程中形成的较大絮体无法通过膜臭氧气浮阶段去除，通过底部环形集水管排出，经过微滤工艺后出水浊度得到很好的控制，MDOF 工艺对浊度的去除率可以达到 90% 以上。

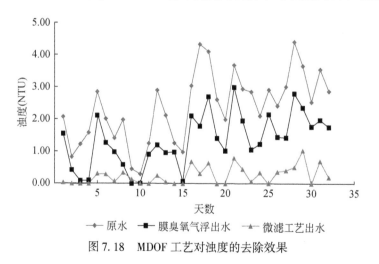

图 7.18   MDOF 工艺对浊度的去除效果

3. 总磷去除效果

图 7.19 为 MDOF 工艺对总磷的去除效果，对于总磷的去除，MDOF 工艺主

要依靠膜臭氧气浮部分，由图 7.19 可知，对总磷的去除主要靠的是膜臭氧气浮阶段，在效果较好的情况下可将总磷的含量稳定在 0.05 mg/L 左右，微滤工艺可以进一步去除总磷，MDOF 工艺对总磷的去除率可以高达 90%。

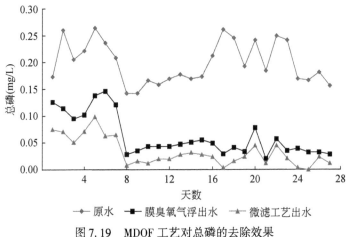

图 7.19　MDOF 工艺对总磷的去除效果

4. 有机物去除效果

图 7.20 为 MDOF 工艺对 UV_{254} 和 TOC 的去除效果，由图 7.20 可知，增加微滤膜后并没有对 UV_{254} 的去除做出很大贡献。由于微滤膜主要是对细小悬浮物有较好的处理效果，而 UV_{254} 是溶解性有机物中饱和键及苯环类有机物的相对含量的一个指标，微滤膜对其的去除效率很低，出水 UV_{254} 稳定在 $0.08 \sim 0.12$ cm^{-1}。而 TOC 的去除主要依靠膜臭氧气浮阶段，微滤工艺对 TOC 的去除十分有限。

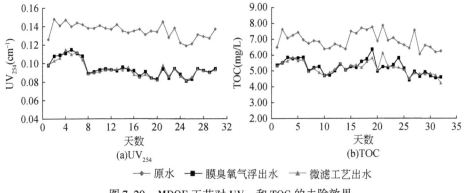

图 7.20　MDOF 工艺对 UV_{254} 和 TOC 的去除效果

图 7.21 为 MDOF 工艺的 EEM 图谱，由图 7.21 可知，污水处理厂二级出水中以腐殖质类物质为主，经过膜臭氧气浮阶段后，腐殖质类物质荧光强度明显降低，微滤工艺可以去除一定量的腐殖质类物质，但去除效果不是很明显，荧光峰的位置也没有发生变化。图 7.22 为 MDOF 工艺的分子量分布图，由图 7.22 可以看出，分子量分布经过微滤工艺后分布没有变化，只是强度有所降低，这是因为膜的物理截留作用无法改变污染物质的结构。

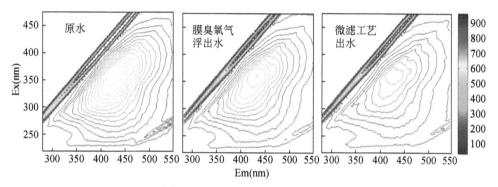

图 7.21　MDOF 工艺的 EEM 图谱

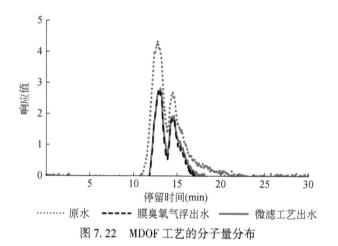

图 7.22　MDOF 工艺的分子量分布

5. 消毒效果

图 7.23 为 MDOF 工艺的消毒效果，由图 7.23 可知，膜臭氧气浮阶段本身的消毒效果已经比较明显，经过微滤工艺后消毒效果进一步提升，膜臭氧气浮阶段的总大肠菌群去除率几乎可以达到 95% 以上，细菌的尺寸在 0.5~5 μm，微滤膜 0.1 μm 的孔径可以起到截留细菌的作用。

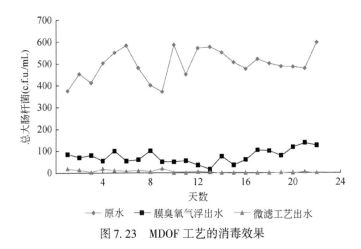

图 7.23　MDOF 工艺的消毒效果

　　对 MDOF 工艺而言，加入的臭氧可以缓解微滤膜的膜污染，延长微滤膜的清洗周期，图 7.24 为臭氧对 MDOF 工艺中膜通量的影响，在一个运行周期内加入臭氧可以缓解微滤膜污染，微滤膜通量的下降速度明显比没有臭氧时慢，研究表明，EPS 对于微滤膜污染的重要影响得到了广泛认可（Chang et al., 2002），因此，对微滤膜表面的 EPS（extracellular polymeric substances，胞外聚合物）含量进行分析，结果如图 7.25（a）～图 7.25（c）所示，为由图 7.25（a）～图 7.25（c）可以看出，加入臭氧后，微滤膜表面泥饼层中的 EPS 含量明显下降，而且加入臭氧后，BEPS（bound extracellular polymeric substances，固着性胞外聚合物）中的多糖、蛋白质和腐殖质含量都比不加臭氧时低。研究表明一方面，泥饼层中 BEPS 中的主要来源是混合液中的溶解性有机物的截留、BEPS 的附着及泥饼层中微生物内源代谢过程中产生的 EPS，另一方面就是泥饼层 BEPS 能够部分被微生物当作基质利用，所以泥饼层 BEPS 的含量由上述两方面的因素决定

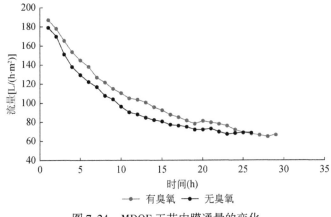

图 7.24　MDOF 工艺中膜通量的变化

（Lee et al.，2003）。BEPS 中蛋白质/多糖的比值（PN/PS）可以表示泥饼层的黏附能力（Massé et al.，2006），PN/PS 值越高说明泥饼层的黏附于膜表面的能力越强，在不加入臭氧的情况下，PN/PS 值为 1.18，加入臭氧后，PN/PS 值降低至 0.89，说明加入臭氧后相应的膜污染的趋势较低。

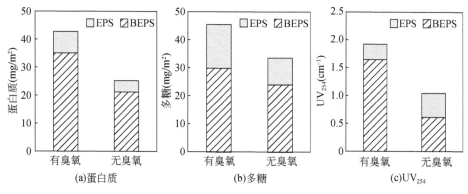

图 7.25　MDOF 工艺中臭氧对 EPS 的影响

7.1.4　工程实例

西安阎良国家航空高技术产业基地污水再生利用工程位于西安市阎良区，距中心城市 70 km，该工程所用原水为西安市阎良污水处理厂的出水，西安市阎良污水处理厂二级生物处理采用 DE（double effluent，双沟半交替工作式氧化沟）氧化沟工艺，出水水质执行《城镇污水处理厂污染物排放标准》（GB 18918—2002）的一级排放标准中的 B 标准。西安市阎良污水处理厂设计处理水量为50 000 m³/d，其中一期实施规模为 25 000 m³/d。无论近期和远期，均能满足污水再生利用处理工程所需的原水水量。

1. 设计水量及进水水质、出水水质

1）设计水量。该工程生产的再生利用水主要用作绿化用水和景观、冲洗道路用水、冲厕用水及部分工业企业的用水（主要为基地引进的大飞机配套企业）。根据基地内绿地面积、道路面积、住宅面积及工业企业用水的规划，估算出本工程再生利用水生产水量为 10 000 m³/d。

2）设计进水水质。该工程再生利用水处理系统所用原水为西安市阎良污水处理厂的二级出水，设计进水水质即为污水处理厂的出水水质。西安市阎良污水处理厂出水水质执行《城镇污水处理厂污染物排放标准》的一级排放标准中的 B

级标准，因此西安阎良国家航空高技术产业基地污水再生利用工程设计进水水质与其相同，具体见表7.1。

表7.1 工程设计进水水质

水质指标	限值
BOD_5	20 mg/L
COD_{Cr}	60 mg/L
SS	20 mg/L
NH_3-N（以 N 计）	15 mg/L
总氮（以 N 计）	20 mg/L
磷酸盐（以 P 计）	1.5 mg/L
粪大肠菌群	10^4 个/L

3）设计出水水质。该工程再生利用水主要用作绿化用水、冲洗道路用水、居民冲厕用水及部分企业冷却用水，其水质应满足工业循环冷却用水水质要求，应按照《污水再生利用工程设计规范》和《城市污水再生利用　城市杂用水水质》的水质标准，确定再生利用水的出水水质。同时结合本工程情况，冲厕部分用户是居民家庭，除了满足城市杂用水的相关水质指标外，考虑到住户的心理感受，还需要重点去除水中的色度和异臭味等指标。因此，确定深度处理系统的再生利用水水质指标见表7.2。

表7.2 再生利用水水质标准

项目	厕所便器冲洗、城市绿化
pH	6.5~9.0
浊度（NTU）	<10
异臭味	无
色度（c.u.）	<10
外观	无不快感
总溶解性固体含量（mg/L）	<1200
悬浮性固体含量（mg/L）	<10
氨氮含量（mg/L）	<20
总硬度（以 $CaCO_3$ 计）（mg/L）	<450
氯化物含量（mg/L）	<350
阴离子合成剂含量（mg/L）	<1.0
铁含量（mg/L）	<0.4

项目	厕所便器冲洗、城市绿化
锰含量（mg/L）	<0.1
大肠杆菌值（个/mL）	<10
BOD$_5$（mg/L）	<10
COD$_{Cr}$（mg/L）	<50
游离余氯含量（mg/L）	管网末端水≥0.2

2. 工艺流程及特点

1）工艺流程。本工程采用臭氧–气浮处理工艺和强化混凝–过滤处理工艺两组处理工艺，每组处理水量为 5000 m³/d。具体的工艺流程如图 7.26 所示。

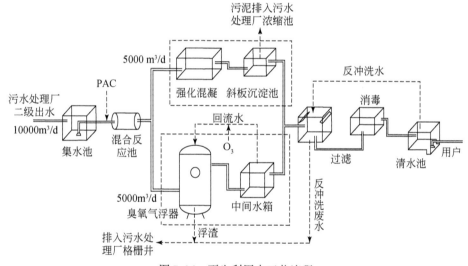

图 7.26　再生利用水工艺流程

2）工艺特点。臭氧–气浮处理工艺是一种将臭氧氧化与高效气浮有机结合起来的集成式水处理方法，能在一个操作单元内同时完成破乳或絮凝、固液分离、除色、除嗅味、消毒等多个过程。该工艺是以臭氧代替空气作为溶气气源，利用溶气泵吸入臭氧，在分离器内部释放产生均匀臭氧微气泡，同时实现臭氧气泡与污染物的接触黏附和对污染物的氧化过程，最终完成气浮分离。整个接触混合与气浮分离过程在密闭装置中进行，装置顶部设置排渣口，通过自动控制系统定时进行排渣操作，利用水位的定时升降实现全自动密闭排渣。

臭氧–气浮反应器中臭氧气体的作用有三点：①通过微量臭氧来去除水中的

色度和异臭味，一般臭氧投加量为 3 ~ 5 mg/L。②臭氧-气浮反应器产生的气体并非全部是臭氧气体，臭氧气体的含量约为 3% ~ 5%，可以利用大量的空气和部分臭氧作为气浮气源，以形成微小气泡将水中有机絮凝体分离。③利用臭氧的强氧化性作为消毒剂，减少后续消毒环节。

该工艺的核心是不能投加 PAM（polyacrylamide，聚丙烯酰胺）和提供足够的接触时间以形成大的絮凝体，因此，该工艺在前段部分采用管式静态混合器仅使水中溶解性有机物脱稳以形成微小粒子，有利于气浮分离。整个处理流程仅 30 ~ 40min。

由于该工艺减少了 PAM 的投加，并大大缩短了处理流程，降低了能耗。而且由于臭氧的投加，减少了后续消毒剂的使用，因而，综合处理费用较低。

强化混凝-过滤处理工艺。污水处理厂二级出水具有低浓度有机污染物的水质特征，具有良好的混凝性能，但是由于有机絮凝体比较疏松，不易沉淀，常规混凝、沉淀工艺去除效果较差，工艺冗长。该工艺针对有机絮凝体疏松不易沉淀的性能，采用水力悬浮混凝分离技术，利用絮凝体的往复循环和有效的水力搅拌，加强初始颗粒之间的碰撞以形成致密型絮凝体，从而强化混凝效果，有效去除水中残余色度和异臭味以达到优质再生利用水。

该工艺的特点主要在于：①通过水力悬浮澄清器提高水中有机絮凝体的强度和密度，强化混凝过程，并提高了沉淀工艺效率，缩短了处理流程；②通过药剂的投加以强化水中色度、异臭味的去除。

再生水处理厂运行期间处理水量如图 7.27 所示。由于部分用户厂区内回用水管网建设滞后，因此，再生水处理厂运行未达到设计处理能力。目前，处理量仅为设计值的 30% 左右。

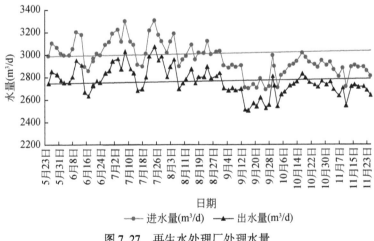

图 7.27 再生水处理厂处理水量

由图 7.27 可看出，处理水量随季节变化较明显。在 7~8 月用水量波动较大，其原因是气温较高，市政用水量有所增加；而市政浇洒与绿化用水量跟降雨密切相关，因 7~8 月进入雨季，不时有大量降雨，市政用水量大幅下降，导致了用水量的波动。当地 9 月降雨频率和降雨量偏多，导致 9 月用水量一直偏低。

3. 不同工艺处理效果

在进水水质相同，且臭氧-气浮处理工艺的操作条件为：PAC 投加量为 30 mg/L、臭氧投加量为 5 mg/L、溶气水量与原水量的比为 0.5 : 1。强化混凝-过滤处理工艺的操作条件为：PAC 投加量为 50 mg/L、PAM 投加量为 3 mg/L、絮凝反应时间为 5 min 时。对两种处理工艺出水水质监测指标进行对比分析，包括：COD_{Cr}、BOD_5、NH_3-N、磷酸盐（以 P 计）、浊度、色度、大肠杆菌及水中铁、锰离子，结果如图 7.28~图 7.31 所示。

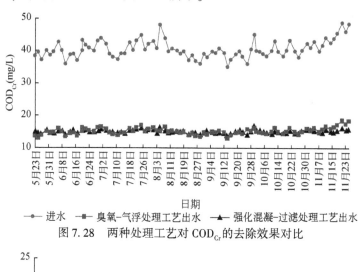

图 7.28 两种处理工艺对 COD_{Cr} 的去除效果对比

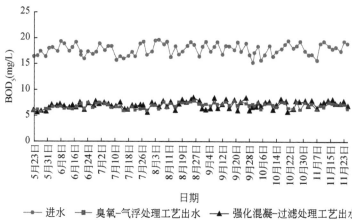

图 7.29 两种处理工艺对 BOD_5 的去除效果对比

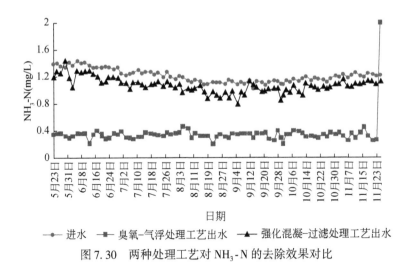

图 7.30　两种处理工艺对 NH_3-N 的去除效果对比

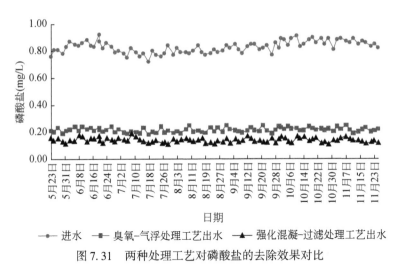

图 7.31　两种处理工艺对磷酸盐的去除效果对比

　　由图 7.28 和图 7.29 可看出,臭氧-气浮处理工艺和强化混凝-过滤处理工艺对原水水中 COD_{Cr}、BOD_5 均有较好的去除效果,去除率分别为 61% 、58% 左右。

　　由图 7.30 可看出,臭氧-气浮处理工艺对氨氮具有较好的去除效果,出水氨氮可控制在 0.4 mg/L 以下。强化混凝-过滤处理工艺对氨氮的去除作用不大,去除率仅为 10% 左右。从图 7.31 可知,臭氧-气浮处理工艺和强化混凝-过滤处理工艺对总磷均有较高的去除率,分别达到了 70% 和 80% 。强化混凝-过滤处理工艺对总磷的去除效果高于臭氧-气浮处理工艺是由于强化混凝过程中加入了高分子助凝剂,其对水中磷酸盐具有强烈的吸附作用,并随絮体的沉淀去除。

由图7.32和图7.33可看出，臭氧-气浮处理工艺和强化混凝-过滤处理工艺对原水的浊度、色度均有很高的去除效果，去除率达到80%以上，且臭氧-气浮处理工艺具有更好的去除效果。臭氧作为强氧化剂，能将原水中有机污染物的发色官能团氧化、破坏，以达到优异的脱色效果；对水中浊度的高去除率是由气浮与臭氧的协同作用而达到的。

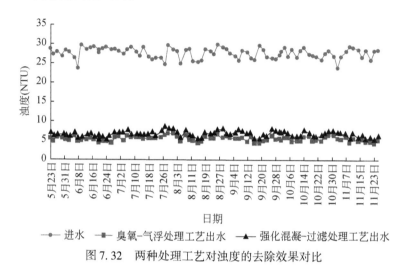

图7.32 两种处理工艺对浊度的去除效果对比

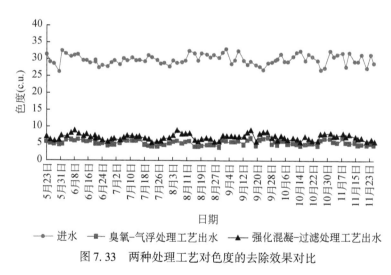

图7.33 两种处理工艺对色度的去除效果对比

由图7.34可看出，两种再生水处理工艺对水中大肠杆菌的去除效果明显，臭氧-气浮处理工艺出水大肠杆菌数稳定在10个/L以下，直接能达到再生水利用水质标准中关于大肠杆菌数的要求，臭氧分子可以直接穿透细菌的细胞膜，短时间内即能达到理想的杀菌效果；对水中病毒亦有相当强的杀灭作用；强化混凝工艺出水中大肠杆菌数稳定在 200 个/L 左右，经后续的加氯消毒工艺后，即可达到再生水水质标准中对大肠杆菌的要求。

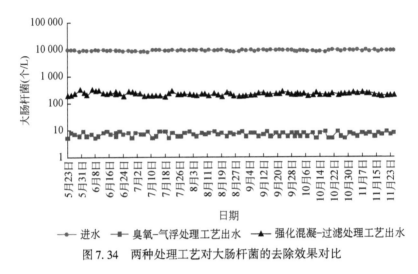

图 7.34　两种处理工艺对大肠杆菌的去除效果对比

由图 7.35 和图 7.36 可看出，臭氧-气浮处理工艺由于臭氧的氧化作用，对水中铁锰离子有较好的去除效果，去除率达 60% 以上，强化混凝-过虑处理工艺对铁锰离子也有一定去除效果，但去除作用有限，在 20%～30%。

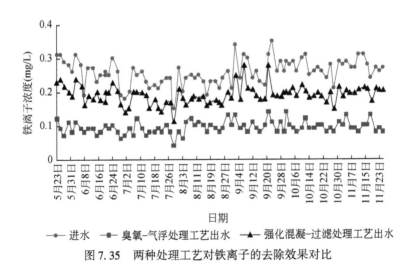

图 7.35　两种处理工艺对铁离子的去除效果对比

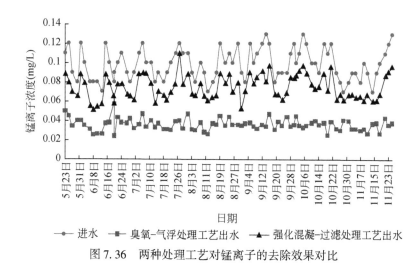

图 7.36 两种处理工艺对锰离子的去除效果对比

综上所述，臭氧–气浮处理工艺在对色度、浊度、氨氮、大肠杆菌、铁离子、锰离子等指标的去除效果上均优于强化混凝–过滤处理工艺。

西安阎良属较为缺水地区，却工业密集，需水量大，污染物排放多，当地生态环境受到了较大影响。该工程的实施实现了 10 000 m³/d 的污水再生处理回用，不仅减少了大量污染物的排放，缓解了区域水体污染，同时再生水作为绿化、浇洒道路等回用，有效改善了当地气候环境。再生水减少了企业对自来水的需求量，间接增加了环境生态用水量，对改善当地生态环境起到了重要作用。

4. 经济效益分析

该工程的直接经济效益主要体现在西安阎良国家航空高技术产业基地污水处理与再生利用工程实施当中，主要表现为该工程污水深度处理综合成本的降低及通过再生水回用产生的节水、减排等效益。

根据该工程实际运行所消耗的电费、人工费、药剂费等情况，计算两种处理工艺污水深度处理综合成本见表 7.3 和表 7.4。

表 7.3 臭氧–气浮处理工艺污水深度处理综合成本核算表

序号	成本要素	年成本（万元）	吨水成本（元）	备注
1	年折旧额	19.35	0.106	综合折旧提成率去5%
2	电费	31.57	0.173	电价实施峰值管理，平均电费为0.5881元
3	药剂费	16.43	0.090	混凝剂及消毒剂费用
4	工资福利	7.92	0.043	3人，每人2200元/月

续表

序号	成本要素	年成本（万元）	吨水成本（元）	备注
5	维护费及管理费	2.18	0.012	
6	总成本	77.45	0.424	

表7.4　强化混凝–过滤处理工艺污水深度处理综合成本核算表

序号	成本要素	年成本（万元）	吨水成本（元）	备注
1	年折旧额	18.07	0.099	综合折旧提成率去5%
2	电费	12.78	0.070	电价实施峰值管理，平均电费为0.5881元
3	药剂费	47.39	0.260	混凝剂及消毒剂费用
4	工资福利	7.92	0.043	3人，每人2200元/月
5	维护费及管理费	2.62	0.014	
6	总成本	88.78	0.486	

由表7.3及表7.4可知，臭氧–气浮处理工艺和强化混凝–过滤处理工艺的年经营成本及折合的吨水费用分别为77.45万元、0.424元和88.78万元、0.486元。臭氧–气浮处理工艺污水深度处理综合成本比同规模的强化混凝–过滤处理工艺降低12.8%。

7.2　工业废水处理

7.2.1　印染废水处理及回用

纺织印染行业是我国传统支柱产业之一，纺织印染也是用水量大和污染物排放量大的行业。2013年，纺织行业废水排放量占到调查统计的41个工业行业中的第3名，年排放废水达到21.5亿t，其中COD排放量为25.4万t，氨氮排放量为1.8万t，占比分别达到11.2%、8.9%和8.0%。

印染工艺复杂，基本工序包括前处理、染色、柔软、整理、清洗、脱水、后处理、退浆、碱减量、煮练、氧漂、丝光（高浓度碱处理）、染底色、印花及后退浆、后整理和制网等，大部分工序会产生工艺废水。印染废水单位产品污水排放量为80~100 m³，单位产品污染物排放量为115~175kg COD。印染废水中的污染物主要包括剩余染料、微细纤维、助剂、热和盐类等，这些污染物使印染废水具有高色度、高浊度、高COD、高温和高盐度等特征。染色废水排放到环境中，色度会带来水体感官上的不愉悦，还会影响水环境中水生植物的光合作用；高浓度的难降解有机污染物会导致水环境生态系统的失衡。

《纺织染整工业水污染物排放标准》（GB 4287—2012）的实施，加上臭氧具有的高色度去除能力，臭氧被越来越多地应用于纺织印染废水的处理过程。DOIF 工艺是一种将低浓度臭氧氧化、混凝和新型溶气气浮有机组合起来的集成式水处理技术，在一个操作单元内完成破乳或混凝、氧化、固液分离、除色、除嗅味，进行消毒等多个过程，可以有效去除浊度、除色度、杀灭细菌等。应用 DOIF 工艺对印染废水进行深度处理并回用，具有良好效果。

1. 设计参数优化

采用西安建筑科技大学自主研发的多级溶臭氧气浮装置（ a dual-step ozone induced flotation（DOIF）separator）来处理浙江省桐乡市某印染厂的二级生化出水。该生化出水 COD 为 $88 \sim 128 \mathrm{mg/L}$，$UV_{254}$ 为 $1.249 \sim 1.498 \mathrm{~cm^{-1}}$，色度为 $16 \sim 32$ 倍，浊度为 $0.62 \sim 2.01 \mathrm{~NTU}$，TOC 为 $24.47 \sim 38.45 \mathrm{~mg/L}$。

（1）DOIF 反应器

图 7.37 为 DOIF 工艺图，主要由 DOIF 单元、进水系统和溶气系统 3 部分组成。DOIF 单元中的柱体被封闭的隔板分为上下两层，上层是臭氧气浮分离区，下层是臭氧氧化区。DOIF 单元中柱体内径为 $780 \mathrm{~mm}$，柱体总高为 $3900 \mathrm{~mm}$，有效容积为 $1.5 \mathrm{~m^3}$。PAC 为铝含量为 8% 的液剂。

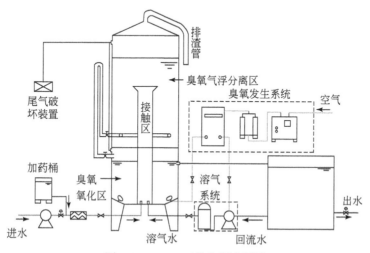

图 7.37　DOIF 工艺处理流程图

（2）DOIF 工艺深度处理操作过程

原水加药后在管道混合器中混合充分，经快速混凝后进入到接触区底部，同时进入接触区的还有经臭氧加压后的回流水，即溶气水。两处进水充分混合，在接触区释放压力后的溶气水会产生大量微气泡。水中的微气泡能增加臭氧与原水中有机物接触氧化时间、提高臭氧利用率，也有着较强的助凝作用。微气泡结合原水中微小絮体形成气–絮颗粒，到达臭氧气浮分离区后气–絮颗粒继续上浮至顶部形成浮渣。

下层设水流导板和环形曝气盘，在该层原水经充分臭氧氧化后从出水管流出。溶气比为1:10时，臭氧发生系统产生的含臭氧空气满足气浮过程，剩余的气量进入臭氧氧化区完成对生化出水的多级处理。由于本装置为上下结构，因此不需要另行占用土地修建氧化池。经气浮处理后出水在臭氧气浮分离区底部收集后通过倒U形管流入下层。倒U形管控制水位高度，排渣周期结束后，倒U形管电磁阀关闭，水位上升，浮渣于顶部排净。DOIF工艺反应器采用电磁阀与时间继电器的配合使用完成自动控制。

(3) DOIF工艺操作条件优化

1) COD去除情况。在回流比为20%、40%和60%条件下，DOIF工艺深度处理出水中COD变化与臭氧和混凝剂投加量的关系如图7.38（a）～图7.38（c）所示。从图中可以看出，随着回流比增大，臭氧量和混凝剂投加量增高，COD去除率呈上升趋势，臭氧具有显著的助凝作用。在相同回流比和PAC投加量情况下，臭氧投加量不同，处理出水COD变化明显，确定臭氧最佳投加量为最高值即 $2.4 \ mg \ O_3/mg \ COD$，此时处理出水COD去除率为39.5%。从图7.38（a）和图7.38（b）可以看出，在小于100 mg/L PAC投加量情况下，COD去除率变化达到20%，PAC投加量为150 mg/L时COD接近最高值，此后变化幅度较小，PAC最佳投加量确定为150 mg/L。图7.38（b）和图7.38（c）显示，60%和40%回流比情况下，COD去除率变化不明显，40%回流比能耗较少，确定最佳回流比为40%。

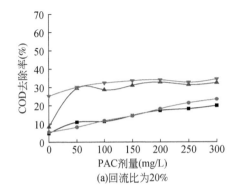

(a)回流比为20%

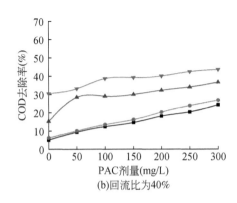

(b)回流比为40%

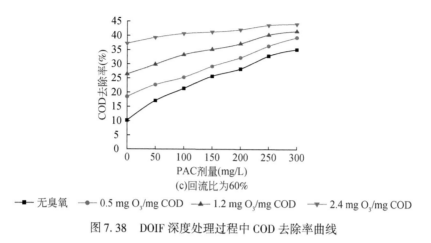

(c)回流比为60%

—■— 无臭氧　　—●— 0.5 mg O₃/mg COD　　—▲— 1.2 mg O₃/mg COD　　—▼— 2.4 mg O₃/mg COD

图 7.38　DOIF 深度处理过程中 COD 去除率曲线

处理实际印染废水，每降低 1 mg COD 需臭氧量为 3.92 mg，本项目每降低 1 mg COD 需臭氧量为 2.4 mg，导致臭氧量不同的可能原因在于水质不同和本项目中混凝气浮去除了部分有机物。由于生化处理中含有的有机物大多为惰性有机物，矿化去除难度大，因此臭氧消耗量较大。

2）色度去除情况。DOIF 工艺对印染废水生化出水深度处理，色度变化情况如图 7.39（a）~图 7.39（c）所示。从图 7.39 中可以看出，色度去除规律与 COD 去除规律类似，但是色度去除效率达到 70.2%，比 COD 去除率的 39.5% 高出近 30%，说明 DOIF 工艺很强的处理色度能力。单独混凝处理，色度去除率为 30%~55%，DOIF 工艺深度处理对色度去除率在 70% 左右，出水色度为 15.3 倍，比前者提高了 15% 以上。臭氧投加量越大，色度去除率越高。混凝剂投加量在 50 mg/L 以下时，色度降低明显，此后增大混凝剂量，色度变化率小于 10%。

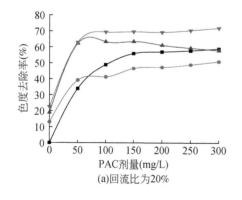

(a)回流比为20%

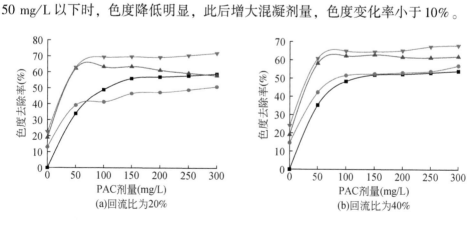

(b)回流比为40%

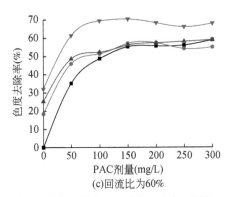

图 7.39　DOIF 深度处理过程中色度去除率曲线

印染工业园区污水中色度源于印染企业使用的染料，印染废水中的致色有机物的特征结构是染料分子携带的双键和芳香环，臭氧通过与不饱和官能团反应，破坏 C═C 去除真色，臭氧微絮凝效应有助于颗粒物的混凝，通过颗粒混凝沉淀去除致色染料。

3）AOX（adsorbable organic halogen，可吸附性有机卤化物）去除情况。AOX在印染、纺织行业中以阻燃剂、防腐剂、干洗剂、漂白剂、羊毛脱脂剂和荧光增白剂等助剂的形式被广泛使用。这些物质含有大量的有机卤化物，在改善织物性能的同时，也对环境造成了严重的危害。近年来，在欧洲，AOX 已经成为纺织染整行业废水排放的一个重要指标，我国《纺织染整工业水污染物排放标准》（GB 4287—2012）也对 AOX 排放值进行了限制。经过对 DOIF 工艺深度处理系统生化出水和 DOIF 工艺出水，活性污泥和 DOIF 工艺浮渣中的 AOX 进行采样分析，得到的 AOX 浓度值见表 7.5。从表 7.5 可以看出，生化出水和 DOIF 工艺出水较原水 AOX 分别降低了 63.8% 和 93.1%。陈元彩等（1999）研究表明，活性污泥法中的微生物对 AOX 的去除主要是生物吸附，且生物吸附是不可逆过程，并且活性污泥对 AOX 的吸附基本上是与生物代谢无关的简单物理吸附。这些情况表明部分 AOX 从废水中转移到活性污泥中并被累积起来。本项目测定活性污泥中 AOX 浓度为 1210mg/L，浓度处于较高水平，表明印染废水处理后的剩余活性污泥需要妥善处置。

表 7.5　DOIF 工艺深度处理印染生化出水与 DOIF 工艺出水和活性污泥及 DOIF 工艺浮渣中 AOX 浓度对照表

项目	原水	生化出水	DOIF 工艺出水	活性污泥	DOIF 工艺浮渣
AOX（mg/L）	1.6	0.58	0.11	—	—
AOX（mg/kg）	—	—	—	1210	673

臭氧氧化过程中，会产生强氧化能力的羟基自由基（·OH），使大分子难降解有机物质转化为低毒或无毒的小分子，Peternel等（2012）研究结果表明，五氯苯酚（PCP）在·OH作用下，10min去除率达到98.3%。DOIF浮渣中AOX浓度为剩余活性污泥的44.3%，DOIF处理出水中AOX浓度为生化出水的6.9%，这是氧化和混凝共同作用的结果。

由以上研究可知，DOIF处理印染废水最优运行条件为：臭氧投加量为2.4 mg O_3/mg COD，PAC投加量为150 mg/L，回流比为40%。在此条件下，COD去除率接近40%，色度去除率70%，AOX去除率接近90%。

2. 运行效果

采用优化运行条件，进行印染工业废水二级出水DOIF工艺深度处理研究。长期运行过程中分析COD、TOC、DOM、浊度和色度浓度变化及去除率变化。

（1）COD去除效果

图7.40为企业连续生产时，DOIF工艺设备每天的COD处理情况。生化出水COD≤130 mg/L可认为是正常生产，原水COD平均值为105.9 mg/L，分离区出水COD平均值为94.7 mg/L，去除率为10.6%，总出水COD平均值为78.9 mg/L，总去除率为25.5%，中试运行结果表明每毫克臭氧去除0.45 mg COD。

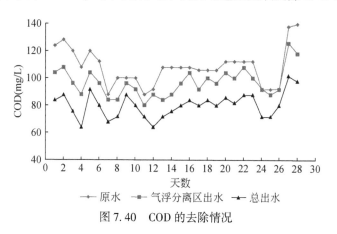

图7.40　COD的去除情况

（2）UV$_{254}$及TOC去除情况

图7.41是DOIF工艺对水中UV$_{254}$的去除情况。

原水UV$_{254}$为1.249～1.498 cm^{-1}，经气浮分离后UV$_{254}$为1.064～1.367 cm^{-1}，最终氧化出水UV$_{254}$为0.607～0.907 cm^{-1}，平均总去除率为37.5%。可看出，在气浮分离区和臭氧氧化区对UV$_{254}$的去除都有明显的效果，表明臭氧将水中的不饱和有机物转变为了饱和有机物。图7.42是DOIF工艺的TOC去除情况。正在

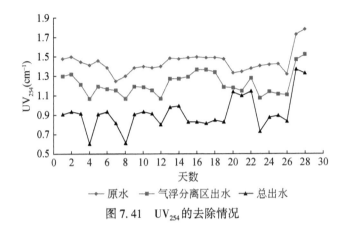

图 7.41　UV$_{254}$ 的去除情况

情况下原水 TOC 为 24.47~38.45 mg/L，总出水 TOC 为 16.77~32.74 mg/L，平均总去除率为 32.4%。可见，DOIF 工艺对印染废水水中的总有机碳也有明显的去除作用。由 UV$_{254}$ 及 TOC 的改变可看出，原水中的不饱和有机物在 DOIF 工艺中臭氧的处理下转变为饱和有机物，可生化性有所提高。

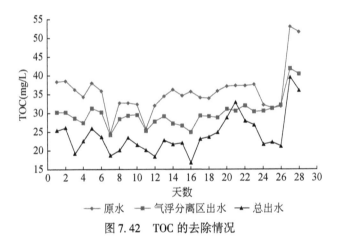

图 7.42　TOC 的去除情况

(3) 废水中 DOM 变化情况

图 7.43 是进水、气浮分离区出水、总出水中 DOM 的三维荧光图谱。图 7.43 中主要有两个荧光峰，分别属于含色氨酸类芳香族氨基酸的蛋白质类物质的荧光峰（发射波长为 320~360 nm，激发波长为 220~240 nm）和含酪氨酸类芳香族氨基酸的蛋白质或酚类的荧光峰（发射波长为 300~340 nm，激发波长为 260~290 nm）。由图 7.43 可见，两类物质的荧光强度有明显的下降，再由图 7.44 可看出废水中的相对分子质量也沿程下降。由此可见水中 DOM 的结构发生了变化，

臭氧将大分子有机物转变为了小分子有机物。

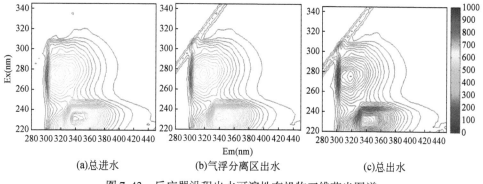

(a)总进水　　　　　　　(b)气浮分离区出水　　　　　　　(c)总出水

图 7.43　反应器沿程出水可溶性有机物三维荧光图谱

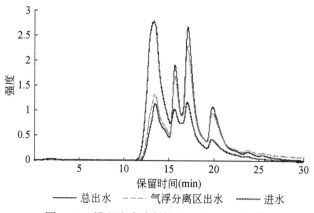

——— 总出水　　- - - 气浮分离区出水　　······· 进水

图 7.44　沿程出水溶解性有机物 HPLC 图谱

（4）浊度

图 7.45 是 DOIF 工艺对该厂二级生化出水浊度的去除情况。进水浊度为 0.62 ~ 2.01 NTU，平均为 1.12 NTU；总出水的浊度为 0 ~ 1.94 NTU，平均为 1.09 NTU。DOIF 工艺深度处理分离区出水浊度较低，能稳定在 1 NTU 左右，分析原因为臭氧减少颗粒表面吸附的有机物稳定性，增强有机物吸引力，从而减少粒子间的斥力，有助于颗粒之间的黏结，发挥了助凝作用，这一现象与 Reckhow 等（1986）的研究结论是一致的。

（5）色度

图 7.46 是 DOIF 工艺对色度的去除情况。由于印染废水的水质特点，本章色度测定方法采用稀释倍数法测定水样的真实色度。如图 7.46 所示，原水色度为 16 ~ 32 倍，色度平均值为 22 倍；气浮分离区出水色度为 12 ~ 20 倍，色度平均值

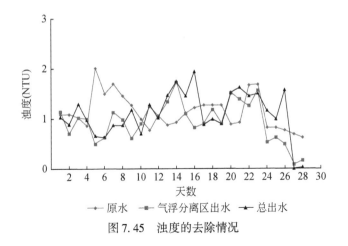

图 7.45　浊度的去除情况

为 16 倍；经过氧化区臭氧氧化之后总出水色度为 8 ~ 12 倍，色度平均值为 10 倍。气浮分离区色度去除率为 27.3%，氧化区色度去除率为 37.5%，色度总去除率为 54.5%。气浮分离区能通过含有臭氧的溶气水去除少部分色度，氧化区则充分利用臭氧的强氧化性破坏水中的偶氮、—C =C—、苯环等发色和助色基团来达到脱色的目的。

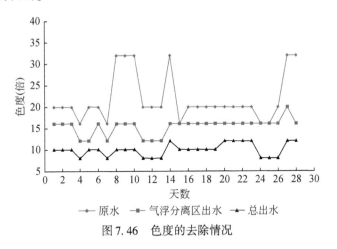

图 7.46　色度的去除情况

这些实验结果表明，DOIF 工艺对于难处理的分散染料废水有着明显效果，能将大分子有机物转变为小分子有机物。DOIF 工艺使印染生化出水 COD 去除率为 25.5%，UV_{254} 去除率为 37.5%，色度去除率为 54.5%，TOC 去除率为 32.4%，出水浊度能稳定在 1 NTU 左右。DOIF 工艺反应器中大部分臭氧在臭氧氧化区进一步去除水中有机物和色度，减少了对后续膜系统的负担，有助于延长膜的使用寿命。

3. 再生水回用印染产品质量评价

表7.6为采用中试工程的出水，回用到染整工艺中的染色工序产品质量检测数据。实验布料主要有涤纶，分为0.1毛、0.5毛和宽条绒等不同布料，根据生产需要进行不同颜色的上染，试验检测将样品粗分为深色系、中色系和浅色系，系统稳定运行期间，每天都采用不同布料进行不同颜色的染色，实验选取其中一部分有代表性的样品进行检测，对其产品的外观、皂洗牢度、摩擦牢度等指标进行分析。

表7.6 河水和回用水用于织物染色后对产品样品的质量检测表

染料	回用水					河水	
	皂洗牢度	分散指标	灰度（%）	湿摩擦强度	干摩擦强度	皂洗牢度	分散指标
分散红 17	4	0.052	100	4～5	4～5	4～5	0.022
分散棕 1	5	0.049	100	4	4	4	0.029
活性蓝 222	4	0.050	100	4～5	4	4～5	0.024
靛蓝	3	0.042	100	3～4	3～4	4～5	0.023
活性黑 5	4	0.063	100	4～5	4～5	4	0.033
阿尔新兰 8GX	4～5	0.059	100	4～5	4～5	4	0.027
分散蓝 GSL	4～5	0.048	100	4～5	4	4	0.025
分散橙 32	4～5	0.051	100	4	4	5	0.023
分散蓝 56	4～5	0.050	100	4～5	4	5	0.026

从表7.6可以看出，回用水用于经编布染色，各色系染色效果均较好。摩擦强度为4～5，合格率100%，优秀率达到88.9%，其中靛蓝和布料结合牢度较小，分析原因为染料特性所致。回用水生产的染色产品，皂洗牢度为95%以上，灰度为100%，对照河水染色产品，颜色更鲜艳。采用K/S描述染色产品的相对色差，当分散指标小于0.2、0.2～0.49、0.5～1.0、大于1.0时分别表示产品色差为优秀、良好、一般和差4种水平。从表7.6可以看出，回用水染色较河水染色色差值大，但仍处于良好水平。

总体来说，回用水处理不同颜色、不同布料织物，在其颜色特征上均较好，无色差、皂洗牢度和摩擦牢度均处于良好水平。从产品质量方面来说，回用水符合生产用水要求。

7.2.2 油气田压裂废水处理及回用

1. 压裂废水处理后水的归宿分析

压裂废水处理后的归宿是目前各界比较关注的问题，针对不同归宿，其处理技术也相应不同。概括起来，压裂废水处理水一般有回注地层、汇入集输系统、达标排放及配制压裂液 4 种。

(1) 汇入集输系统

将压裂废水收集经过一定工艺进行处理，然后按照一定比例与采油污水掺混进行再处理，处理后的水质由油气集输管线统一集输到集油站处理。该方法的优点是能在地貌状况复杂，油井分布分散，交通运输条件相对较差的地方使用。根据中国石油长庆油田公司要求，对汇入集输系统的水质主要是对感官物质的去除，主要指标有悬浮物、色度、浊度等。

(2) 回注地层

压裂废水回注地层是某些油气田因条件所限而采用的一种处理方法，但是压裂废水直接外排显然不能满足回注的要求，通常情况下，将压裂废液收集，集中进行絮凝、过滤等处理，然后泵入地层。处理后的水一般需要满足中华人民共和国石油天然气行业标准《碎屑岩油藏注水水质推荐指标》（SY/T 5329—1994）的相关要求。该方法的优点是能补充由于采油而减少的地层水量。

(3) 达标排放

将压裂废水处理后直接外排是目前压裂废水的主流方式，但是处理要求高，处理后水必须满足国家《污水综合排放标准》（GB 8978—1996）的相关规定，根据油田公司及地方环保部门要求，需达到二级排放标准。

(4) 配制压裂液

压裂废水经过处理后，可以用来配置压裂液，但是压裂废水属高 Fe^{3+}、Ca^{2+}、Mg^{2+}、高含盐量、高有机物浓度体系废水，而金属离子和高有机物浓度会对压裂液的配伍性、交联性等性质有较大影响，因此该种回用途径对再生水的水质要求较高。

2. 不同归宿压裂废水处理工艺分析

(1) 汇入集输系统及回注地层

对以汇入集输系统为目的的压裂废水处理工艺如图 7.47 所示，该处理工艺包括对原水样 pH 调节、预氧化、絮凝反应、沉淀、过滤及污泥处置。原水样 pH 过高或过低时，通过酸或碱对其进行调节；水样黏度高、颜色深时，投加预氧化剂进行预氧化，起到降黏、对有机物的初步降解，以及对原水样颜色的改观作用；投加絮凝剂和助凝剂进行絮凝反应，使水样的色度和悬浮物浓度得到较好的去除，并对 COD、含油量等有一定的去除作用；通过沉淀，使泥水分离，对沉淀污泥进行处置，上清液过滤后汇入集输系统。

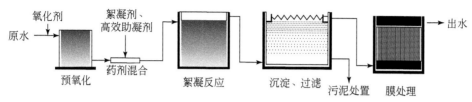

图 7.47　以汇入集输系统和回注地层为目的的压裂废水处理工艺

（2）达标排放

对以达标排放为目的的压裂废水处理工艺如图 7.48 所示，该处理工艺包括对原水样 pH 调节、预氧化、絮凝反应、沉淀、过滤及污泥处置。原水样 pH 过高或过低时，通过酸或碱对其进行调节；水样黏度高、颜色深时，投加预氧化剂进行预氧化，起到降黏、对有机物的初步降解，以及对原水样颜色的改观；投加絮凝剂和助凝剂进行絮凝反应，水样的色度和悬浮物浓度得到较好的去除，并对 COD、含油量等有一定的去除作用；通过沉淀，使泥水分离；上清液进行超滤，主要去除悬浮物；超滤后出水进行催化臭氧氧化，主要是去除 COD，催化臭氧氧化后出水可排放。

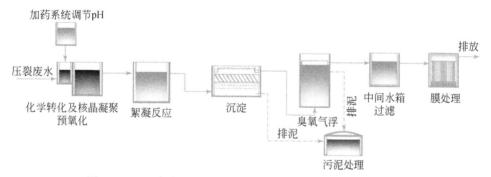

图 7.48　以达标排放和配制压裂液为目的的压裂废水处理工艺

（3）配制压裂液

压裂废水控制有机物浓度的最佳处理工艺为高级氧化，而近年来广泛应用的高级氧化技术是以臭氧氧化为核心的组合工艺。因此，所采用的工艺也以臭氧氧化为主体，并考察加入其他氧化剂对压裂废水的处理及污染物的去除情况。由于压裂废水中的浮油、悬浮性有机物等污染物质浓度相对较高，进行臭氧氧化及其组合工艺之前都先通过混凝、沉淀、过滤。处理工艺如图 7.48 所示。

3. 模块化处理装备

处理水归宿不同，所采用的处理工艺也不同。基于此，本章综合考虑以达标排放、回注地层和汇入集输系统，研发了一套模块化处理设备，结合金鹏康申请并授权专利"一种油田水平井压裂废水处理及资源化利用方法（专利号：ZL 201210381905.9）"，根据前面章节对水平井压裂废水的污染控制工艺参数，对处理装置进行了设备化加工，并形成了废水模块化处理设备（设备设计现已通过北京市海淀区质量技术监督局备案，编号：Q/ZKASH0001-2013），可实现不同废水不同处理目标应用不同模块实现，水平井压裂废水处理实验装置如图7.49和图7.50所示，处理量为40~50 m³/h。在以达标排放和配制压裂液为目的的压裂废水处理工艺中，运用到了臭氧混凝互促增效机制来保障油气田工业废水的处理效果，因此下面列举了几个以达标排放和配制压裂液为目的的工程实例。

图7.49 模块化处理装置

图7.50 模块化处理装置内部构造

4. 现场处理效果

(1) 以达标排放为目的

1) 现场压裂废水的基本性质。此类试验主要是在陇东油田某井场（井场1）和安塞油田某井场（井场2）进行现场试验。对这两井场废液池中存储压裂废水进行了实验，压裂水水质的基本情况见表7.7。

表7.7　两个井场压裂废水的水质分析

分析指标	试验井场	
	井场1	井场2
色度（c.u.）	236	16
COD（mg/L）	2864.2	1296.5
pH	8.16	7.16
悬浮物（mg/L）	325	194
含油量（mg/L）	27.4	3.17
铜（mg/L）	0.49	0.21
铅（mg/L）	—	—
镍（mg/L）	—	—
铬（mg/L）	0.13	0.069
镉（mg/L）	—	—
汞（mg/L）	—	—
砷（mg/L）	0.022	0.020
苯并芘（mg/L）	—	—

2) 控制参数。对井场1和井厂2的压裂废水进行深度处理，处理工艺如图7.47所示。臭氧投加量为0.3g/L，催化臭氧氧化时间为2h，絮凝剂加药量见表7.8。

表7.8　各试验井场压裂废水所需处理药剂的投加量

项目	井场1	井场2
水样颜色	黄色	黑色
PAC（mg/L）	500	600
PAM（mg/L）	5	10

3）处理效果评价。各试验井场压裂水所需处理药剂的投加量见表7.9。

表7.9　各试验井场压裂废水所需处理药剂的投加量

分析指标	试验井场		GB 8978—1996 二级排放标准
	井场1	井场2	
色度（c.u.）	18	16	80
COD（mg/L）	74.3	56.5	150
pH	8.05	7.16	6~9
悬浮物（mg/L）	0.11	0.14	30
石油类（mg/L）	1.31	2.17	10
铜（mg/L）	0.25	0.21	1.0
铅（mg/L）	—	—	1.0
镍（mg/L）	—	—	1.0
铬（mg/L）	0.086	0.069	0.1
镉（mg/L）	—	—	1.5
汞（mg/L）	—	—	0.05
砷（mg/L）	0.017	0.020	0.5
苯并芘（mg/L）			0.000 03

通过表7.9、图7.51和图7.52可以看出，采用预氧化、混凝、沉淀、超滤工艺，两井场压裂废水 COD 的去除率分别为97.3%、98.2%，处理后水样的 COD 分别为74.3 mg/L、56.5 mg/L。两井场压裂废水处理后其 COD、悬浮物、石油类等一些重金属离子的含量均达到国家《污水综合排放标准》（GB 8978—1996）二级标准。

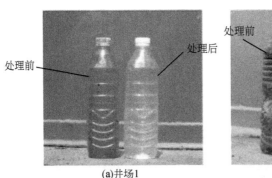

(a)井场1　　　　　(b)井场2

图7.51　两井场压裂废水的处理前后对比

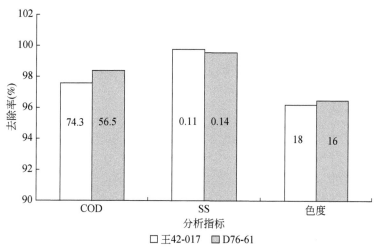

图 7.52 两井场压裂废水的处理效果

（2） 以配制压裂液为目的

1）现场压裂废水的基本性质。此类试验主要是在陇东油田进行。对陇东油田 3 个井场（井场 a、井场 b、井场 c）废液池中存储压裂废水进行了试验，各井场压裂水水质的基本情况见表 7.10。

表 7.10 压裂废水的水质分析

分析指标	井场 a	井场 b	井场 c
pH	6.43	5.92	8.53
SS（mg/L）	384	305	278
COD_{Cr}（mg/L）	3384.5	2133.6	4336
总铁量（mg/L）	3.18	4.13	1.98
含油量（mg/L）	3.64	7.14	5.78
硫化物（mg/L）	0.275	0.861	0.421
色度（c.u.）	195	308	688
SRB 菌（个）	$10 \sim 10^2$	$1 \sim 10$	0
TGB 菌（个）	$10^2 \sim 10^3$	$10^2 \sim 10^3$	$1 \sim 10^2$

由表 7.10 可以看出，陇东油田水平井压裂废水的主要特征有以下几点：① COD 较高，为 1000 ~ 5000 mg/L；②含油量一般较低，均小于 10 mg/L；③腐蚀率也不高；④高色度和高悬浮物；⑤pH 为 5 ~ 9。

2）控制参数。陇东油田 3 个水平井井场（井场 a、井场 b、井场 c）地处农田周边，环境敏感，水环境较为脆弱。因此，选择该区域为以配制压裂液为目的的现场试验目的地。采用预氧化、混凝、沉淀、高级氧化、膜分离工艺进行处理，废水处理工艺流程图如图 7.48 所示。由于 3 个水平井压裂废水黏度偏高、有机物浓度也较高，因此，需要预处理，预氧化剂均采用过氧化氢，加药量见表 7.11。

表 7.11 各试验井场压裂废水所需处理药剂的投加量

项目	井场 a	井场 b	井场 c
水样颜色	黄色	黄褐色	灰黑色
过氧化氢 mL/L	1.5	2	2.5
PAC（mg/L）	500	800	1000
PAM（mg/L）	5	10	10

3）处理效果评价。井场 a 压裂液的处理效果如图 7.53 所示。

(a)现场照片与处理前后小样

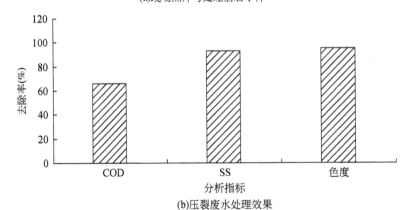

(b)压裂废水处理效果

图 7.53 井场 a 压裂废水的处理效果

井场 b 废液的处理效果如图 7.54 所示。

(a)现场图与处理前后小样

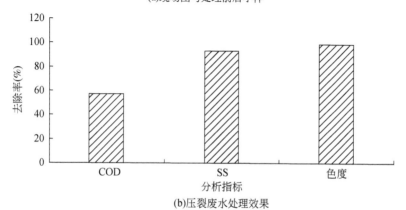

(b)压裂废水处理效果

图 7.54　井场 b 废液的处理效果

井场 c 压裂液的处理效果如图 7.55 所示。

(a)现场照片与处理前后照片

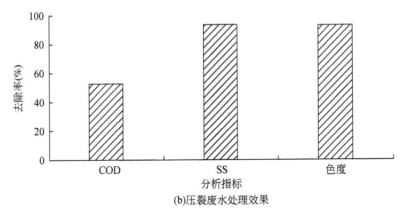

(b)压裂废水处理效果

图 7.55　井场 c 压裂废水的处理效果

由表7.12 和表7.13 可以看出，地表水与井场 a、井场 b、井场 c 处理水通过投加屏蔽剂后，配制的压裂液基液黏度相差不大，投加一定量比例的交联剂后，用玻璃棒搅拌可形成均匀、可调挂冻胶。压裂液破胶后的残渣量为 312 mg/L、370 mg/L、432 mg/L、408 mg/L，满足油田压裂残渣量小于 500 mg/L 作业标准。破胶后黏度分别为 3.16 mpa·s、4.35 mpa·s、2.25 mpa·s、3.73 mpa·s，满足压裂液破胶后黏度小于 5 mpa·s 作业标准。当助排剂质量分数为 0.5% 时，压裂液的破胶液表面张力分别为 24.72 mN/m、23.11 mN/m、19.23 mN/m、25.21 mN/m，据《压裂液通用技术条件》（SY/T 6376—1998），当压裂液表面张力小于等于 28 mN/m 时，可以满足压裂废水返排要求。因此，水平井压裂废水经处理后，通过再生利用可配制压裂液。

表 7.12　3 个压裂废水处理后水质分析

分析指标	原水检测结果	处理后水质分析结果		
		井场 a	井场 b	井场 c
色度（倍）	$100 \sim 700$	15	11	23
COD（mg/L）	$1000 \sim 5000$	354.8	227.6	351.5
pH	$5 \sim 9$	7.11	6.85	8.13
SS（mg/L）	$200 \sim 400$	25.0	21.1	19.5
Fe（mg/L）	0.53	0.21	0.44	0.32
含油量（mg/L）	$3 \sim 8$	1.49	1.13	2.54
SRB 菌（个）	$0 \sim 10^2$	$1 \sim 10$	$1 \sim 10$	0
TGB 菌（个）	$1 \sim 10^3$	$10 \sim 10^2$	$10 \sim 10^2$	<10

表7.13 配制压裂液效能评价表

项目	地表水	井场 a 处理水	井场 b 处理水	井场 c 处理水
基液黏度（mpa.s）	61.1	62.1	58.7	57.9
交联性能	玻璃棒搅拌可形成均匀、可挑挂冻胶	玻璃棒搅拌可形成均匀、可挑挂冻胶	玻璃棒搅拌可形成均匀、可挑挂冻胶	玻璃棒搅拌可形成均匀、可挑挂冻胶
抗剪切性能	良好	良好	良好	良好
抗温性能	良好	良好	良好	良好
破胶残渣量（mg/L）	312	370	432	408
表面张力（mN/m）	24.72	23.11	19.23	25.21
与添加剂配伍性	良好	良好	良好	良好
破胶液黏度（mpa·s）	3.16	4.35	2.25	3.73

参 考 文 献

陈元彩, 肖锦, 詹怀宇. 1999. 生物吸附作用对漂白废水中 AOX 去除作用的研究. 环境科学研究, 12 (6): 28-31.

中华人民共和国石油天然气行业标准 SY/T 5329—1994. 碎屑岩油藏注水水质推荐指标及分析方法.

Chang I S, Le-Clech P, Jefferson B, et al. 2002. Membrane fouling in membrane bioreactors for wastewater treatment. Journal of Environmental Engineering, 128 (11): 1018-1029.

Graham J L, Striebich R, Patterson C L, et al. 2004. MTBE oxidation byproducts from the treatment of surface waters by ozonation and UV-ozonation. Chemosphere, 54 (7): 1011-1016.

James K E, 2010. Dissolved air flotation and me. Water Research, 44: 2077-2106.

Jin P K, Wang X C, Hu G. 2006. A dispersed-ozone flotation (DOF) separator for tertiary wastewater treatment. Water Science and Technology, 53 (9): 151-157.

John D E, Haas C N, Nwachuku N, et al. 2005. Chlorine and ozone disinfection of encephalitozoon intestinalis spores. Water Research, 39 (11): 2369-2375.

Kim J H, Kim H S, Lee B H. 2011. Combination of sequential batch reactor (SBR) and dissolved ozone flotation-pressurized ozone oxidation (DOF-PO$_2$) processes for treatment of pigment processing wastewater. Environmental Engineering Research, 16 (2): 97-102.

Lee B H, Song W C, Ha J G, Yang H J, et al. 2009. Effects of ozone in treating drinking water by DAF system. Water Science and Technology: Water Supply, 9 (3): 247-252.

Lee B H, Song W C, Kim H Y, et al. 2007. Enhanced separation of water quality parameters in the DAF (Dissolved Air Flotation) system using ozone. Water Science and Technology, 56 (10): 149-155.

Lee B H, Song W C, Mannab, et al. 2008. Dissolved ozone flotation (DOF) -a promising technology in municipal wastewater treatment. Desalination, 225: 260-273.

Lee B H, Song W C. 2006. High concentration of ozone application by the DAF (Dissolved Ozone Flotation) system to treat livestock wastewater. Water Pollution Ⅷ: Modelling, Monitoring and Management, 95: 561-569.

Lee C W, Yeom H K, Yoo S W, et al. 2009. A study on the efficiency of the DAF (dissolved air flotation) process using ozone injection. Water Science and Technology: Water Supply, 9 (2): 107-111.

Lee W, Kang S, Shin H. 2003. Sludge characteristics and their contribution to microfiltration in submerged membrane bioreactors. Journal of Membrane Science, 216 (1-2): 217-227.

Leenheer J A. 2009. Systematic approaches to comprehensive analyses of natural organic matter. Annals of Environmental Science, 3 (1): 1-130.

Masséa, Spérandio M, Cabassud C. 2006. Comparison of sludge characteristics and performance of a submerged membrane bioreactor and an activated sludge process at high solids retention time. Water Research, 40 (12): 2405-2415.

Peternel I, Koprivanac N, Grcic I. 2012. Mineralization of p-chlorophenol in water solution by AOPs based on UV irradiation. Environmental Technology, 33 (1): 27-36.

Reckhow D A, Legube B, Singer P C. 1986. The ozonation of organic halide precursors: effect of bicarbonate. Water Research, 20 (8): 987-998.

Saroj D P, Kumar A, Bose P, et al. 2005. Mineralization of some natural refractory organic compounds by biodegradation and ozonation. Water Research, 39 (9): 1921-1933.

Selcuk H. 2005. Decolorization and detoxification of textile wastewater by ozonation and coagulation processes. Dyes and Pigments, 64 (3): 217-222.

Selcuk H. 2005. Decolorization and detoxification of textile wastewater by ozonation and coagulation processes. Dyes and Pigments, 64 (3): 217-222.

Shu H Y, Chang M C. 2005. Decolorization effects of six azo dyes by O_3, UV/O_3 and UV/H_2O_2 processes. Dyes and Pigments, 65 (1): 25-31.